城市复兴背景下的
辽宁省工业遗产
保护再利用

魏晓东 / 著

化学工业出版社

·北京·

内 容 简 介

本书以我国著名的老工业省份辽宁省为研究对象,从文化遗产学、经济学、社会学、建筑学、设计学等学科领域角度探讨了构建分层级的工业遗产保护再利用理论框架和设计实践方法。本书定位于"城市复兴背景下辽宁省工业遗产保护再利用",聚焦于城市复兴这个社会热点问题,不拘泥于传统的工业遗产保护理论,尽量扩展遗产保护理论框架,从城市复兴的大背景思考问题,保护与再利用并重,指导各类具体实践。

本书适合政府管理部门、城市设计、建筑设计、环境设计、文化遗产等相关人员及高校相关专业师生阅读参考。

图书在版编目(CIP)数据

城市复兴背景下的辽宁省工业遗产保护再利用 / 魏晓东著 . — 北京 : 化学工业出版社,2024.3
ISBN 978-7-122-45099-9

Ⅰ.①城… Ⅱ.①魏… Ⅲ.①工业建筑 – 文化遗产 – 保护 – 研究 – 辽宁 Ⅳ.①TU27

中国国家版本馆 CIP 数据核字(2024)第 037518 号

责任编辑:徐 娟　　　　　　　　文字编辑:冯国庆
责任校对:李 爽　　　　　　　　装帧设计:刘丽华

出版发行:化学工业出版社
　　　　　(北京市东城区青年湖南街 13 号　邮政编码 100011)
印　　装:北京科印技术咨询服务有限公司数码印刷分部
787mm×1092mm　1/16　印张 7½　字数 163 千字
2024 年 3 月北京第 1 版第 1 次印刷

购书咨询:010-64518888　　　　　　售后服务:010-64518899
网　　址:http://www.cip.com.cn
凡购买本书,如有缺损质量问题,本社销售中心负责调换。

定　　价:68.00 元

当前，我国工业遗产无论是在遗产保护范围还是利用模式上大都局限于具体的工业遗产项目，缺乏区域化的整体保护与再利用理念，这并不符合城市复兴的目标和本质。本书以我国著名老工业基地辽宁省为研究对象，把城市空间视为整体，对工业遗产与城市之间关系进行整体的思考。对工业遗产保护再利用与城市复兴相关课题的研究，有助于以整体性思维重新认识辽宁省域范围内的工业遗产，厘清城市工业历史发展脉络；有助于识别主题性历史文化资源和鲜明城市性格的塑造，促进工业遗产在物质和非物质层面的转化；有助于有效连接城市远景规划与空间设计的间隙，明确辽宁省工业城市复兴的方向。

本书首先厘清工业遗产和城市复兴的相关概念，结合国内外已经发生和正在探索的工业遗产保护再利用及城市复兴案例，归纳了存在的问题和值得借鉴的经验，同时对作为研究背景的辽宁省工业遗产概况进行解读，对辽宁省的工业与技术发展历史考察与工业城市遗产现状调研梳理，分析和总结了辽宁省工业遗产沿海、沿交通网线性分布、辐射性强、历史延续性完整和门类齐全但重工业比重较大的主要特征，为辽宁省工业遗产保护再利用理论框架和设计框架奠定了实践基础。

本书从辽宁省工业遗产自身价值特征出发，完善了辽宁省工业遗产价值评价体系，按工业遗产范围及相关性将其分为工业区域、工业城市、工业聚集区、工业企业、工业建筑、设施设备六个层级，从整体到局部的递进调查评价，运用层次分析法，前三个层级关注定性评价，后三个层级采用定量评价。明确辽宁省工业遗产整体性保护再利用的理论框架的核心内容，包含保护再利用的原则、内容、要求和程序等指导相关工作，并适应性应用工业遗产保护再利用的多种模式，包括工业主题博物馆、工业文化景观公园、创意文化产业、综合开发利用模式等。

本书还对城市复兴的理论与工业遗产保护再利用设计实践进行综合研究，以融会的视角，建构了城市复兴背景下的辽宁省工业遗产保护再利用设计框架，这一框架是建立在工业遗产价值分层级体系的基础之上的，包含了各层级工业遗产保护再利用的方向和焦点内容。

总之，基于城市复兴背景的辽宁省工业遗产保护再利用是一个极其复杂的综合性工作，需要政府、社会公众、专业学者共同努力才能够得以完成。本书对辽宁省工业遗产保护再利用的研究仅是一个阶段性的成果，希望引起社会各方面对工业遗产的关注，写作过程中难免存在不足之处，欢迎读者不吝指正。

著者
2023 年 12 月

目 录

第1章
绪 论

1.1 研究背景

溯源来看，工业遗产保护再利用和城市复兴的理论研究以及相关设计实践是对于200多年来工业快速发展与城市面貌日新月异变化的有力回应，并大多表现为对工业遗产价值的态度问题上，两者的关联度越发紧密。这种紧密关系可以从对两者的发展历程研究中得出，而在诸如德国鲁尔区、英国利物浦、美国洛厄尔等地的实践案例中这种关系就更加明显。在两者的实施主体上，同样具有一定的相似之处，往往由政府部门、商业团队、社会机构、社区共同完成从宏观的战略构想到项目的具体运作，完整达到其目的。

随着学科的发展和细化，工业遗产保护从遗产保护领域分离出来，工业遗产源于工业考古的概念，该概念由英国学者迈克尔·里克斯提出，主要研究对象是工业的场址、生产工艺和设施。随着工业自身的高速发展，工业考古已成为专家学者全力研究的内容，研究范围也呈现出逐步扩大的倾向，但仍然局限于城市的局部与片段，缺乏整体性和关联性思考。城市复兴则是由城市更新理论发展而来的，从20世纪70年代开始，城市更新从城市旧居住区更新发展到注重城市工业用地更新，以及整体系统的城市复兴；城市复兴从具体的战术层面向战略层面转移，城市、区域、国家层面的城市复兴规划已经开始出现；对于城市复兴的研究多侧重于理论体系本身和城市主体，多注重政策原则而忽视环境。单纯的工业遗产保护已经表现出与现代城市的多要素、多层次的复杂性特征不相适应，进而不可避免地产生各种矛盾与冲突。在更加宏观的层面将工业遗产保护再利用融入城市复兴大系统内，以期实现工业遗产保护再利用的目标明确、体系健全、规划科学，最终在城市全面发展的战略背景下完成城市新旧空间形态的合理拼接。

工业文明演进过程中所形成的工业遗产资源是全人类宝贵的历史人文财富。就我国大多数城市工业历史进程而言，虽与西方国家相比较发展时间较短，但也大多经历洋务运动、民国时期、抗日战争时期、解放战争时期、"一五""二五"建设等不同阶段。1949 年中华人民共和国成立后，中央政府在城市建设领域启动变消费城市为生产城市的历史性调整，主要工业城市呈现出较为鲜明的生产型城市特征。进入 21 世纪以后，我国经济在改革开放大背景下逐渐走向深入调整的历史机遇期，我国已经成为世界第二大经济体，全球最大的制造业和科技创新基地正在逐步形成。我国经济转型过程中所面临的新兴产业高速发展与旧有产业资源枯竭、技术升级困难之间的矛盾在新旧动能转换的背景下愈发突出，表现方式也更加多样，越来越受到相关学界的关注，特别是传统工业城市包括资源型城市如何让现有工业遗产这一历史文化资源在城市功能空间调整过程中发挥积极的作用，如何从在全新视野下研究工业遗产，继承和保护城市工业文化资源，实现其资源的可持续发展和永续利用，成为当前亟待解决的现实课题。

辽宁省作为我国东北地区重工业基地所面临的问题十分严峻。伴随着城市功能定位调整，城市规模不断扩大，城市原有空间结构也发生了巨大的变化。辽宁省在产业结构转型和城市职能转换的过程中，一部分在计划经济时代带有鲜明重工业和资源型城市色彩的城市及城市群，由于受到自然资源枯竭、新型能源和清洁能源的研发、企业改制、国家产业政策和开发战略调整等一系列因素影响，在短短的几十年间城市由兴转衰，面临城市复兴的巨大挑战。辽宁省工业城市中产业转型与城市传统工业用地良性使用的协调关系；城市发展与人民对美好生活向往的深度结合是当今城市的建设者和设计者必须重视的问题。

工业遗产不同于一般的物质文化遗产，它与周边环境的依赖性和制约性较强，具有典型社会性和独特文化张力，所涉及的影响因素也比较复杂。首先，工业遗产的保护再利用并非是独立存在的研究客体，它是存在于城市空间之中并依附于城市发展而存在的，保护再利用的模式是与城市的发展定位息息相关的；其次，工业遗产同时也具有自身的文化属性，文化的独立性会直接决定其对城市复兴的作用。可见，面对工业遗产这一特殊遗产类型日益受到重视的现象，与辽宁省工业城市复兴的战略规划的结合问题，既面临机遇，也面临挑战。辽宁省的城市管理者和设计者需要以全局性及战略性思维来审视工业遗产保护和再利用的意义与内涵。在城市复兴背景下，提出和构建一个具有良好适应性的工业遗产保护再利用策略，尤其是设计策略，就具有重要的学术研究和实践价值。

1.2 研究对象

概括来讲，工业遗产记录着工业社会的相关历史信息，承载着城市的精神记忆。城市复兴背景下辽宁省工业遗产保护再利用研究可以理解为对城市整体发展与工业遗产保护再利用具体实践的相关性研究，也可以理解为针对辽宁省传统工业城市和工业遗产的特殊属性的专项研究，在整理和对标前人研究的基础上，探求为工业遗产保护再利用提供具有创新价值的保护理论框架和切实可行的方法，使其在城市复兴的前提下能够充分保护地方特色和多样性。

工业遗产作为工业文明重要见证物的意义需要得到理性的关注。从文化意义的角度来讲，在当今工业城市中遗留下来的工业遗产和所蕴含的工业文明已然成为工业城市自身文化基因和城市文脉传承，是城市文化资源的富矿，是引领工业城市和资源型城市转型不可多得的精神财富。

伴随着工业城市发展新陈代谢的过程，由于城市产业结构调整，城市的盲目扩展，导致城市的人居环境恶化，城市中心区衰败，城市特色消失……虽然在辽宁省的各个工业城市所表现出来的环境、社会问题不尽相同，但长期实施单一手段的推倒重来模式已经很难从根本上解决问题，通过合理的设计策略以谋求全面的工业遗产保护再利用才能继承和保护城市特色、引导城市发展，通过对城市结构、城市文脉的调查研究工作，在工业遗产保护再利用规划上从单纯的物质环境向社会、经济、文化的综合复兴转变，从而为工业城市复兴起到持续的推动作用。因为城市复兴不单纯是城市物质空间方面的改变，还包含城市经济建设、文化建设、社会文明建设、物质空间设计等诸多领域的适应性调整与转变，其主要目的是使逐渐式微的工业城市衰败地区得到振兴，提高城市综合竞争力，实现城市的全面发展。

1.3　研究意义

对城市复兴背景下的辽宁省工业遗产保护再利用研究，将从多个层面为城市空间设计整体性和城市性格独特性塑造提供途径及方法，对辽宁省工业城市的空间环境设计实践具有指导意义。

本书以整体性的视角来审视辽宁省工业城市的城市复兴：一方面从城市整体复兴角度，识别和提出城市复兴的空间、经济、文化、社会、设计等策略；另一方面从城市发展的角度，聚焦工业遗产这一影响工业城市形态的遗产类型。对工业遗产概念、价值和保护再利用模式的探讨及研究，希望以多元的角度提供重新审视这一历史文化资源的价值以及在城市复兴过程中实现其价值的机会，在理论和实践上给予及还原城市复兴整体性框架与实现真正意义上的工业遗产保护再利用。

目前我国传统工业城市的工业遗产保护再利用研究与实践大都局限于个案，虽有对遗产区域和遗产廊道的研究扩展，但很少涉及城市群和分层级整体保护框架内容。由于缺乏对于空间认知的整体性、关联性，导致一定程度的体系混乱，进而在执行层面上较容易造成千城一面和资源浪费的现象。这种遗产保护再利用框架的缺失同样容易造成空间设计的主观性与随意性，进而导致整体城市风貌的错位与空间识别性的模糊。城市复兴致力于对城市原有空间场所的重新认知和再利用，作为设计者应从城市整体的角度，为城市工业遗产提供发展机遇和场所精神放大的可能性，通过设计手段弥合城市规划与工业遗产空间设计的缝隙，明确限制与机遇，利用工业遗产的特殊性，提升城市公众领地的适宜性，加强城市中心区和工业遗产聚集区的吸引力，打造特色鲜明的城市性格。因此，工业遗产保护再利用助力城市复兴，能够为辽宁省工业城市科学健康发展提供坚实的文化源动力和创新的城市发展模式，从而延续城市历史文脉，打造城市特有的文化名片。

对工业遗产保护再利用与城市复兴相关理论的研究，有助于以整体性思维重新认识辽宁省域范围内的工业遗产，厘清城市工业历史发展脉络；有助于识别主题性历史文化资源和鲜明城市性格塑造，促进工业遗产在物质和非物质层面的转化；有助于有效连接城市远景规划与空间设计的间隙，明确辽宁省城市复兴的方向。从长远来看，将城市复兴与工业遗产保护再利用相结合，既可以有效地把握城市发展的关键要素，又可以有效地组织影响城市发展的物质文化资源，把工业遗产的保护和再利用过程嵌入一个具有长远性和综合性思考的范畴里，由此可以有效地实现其自身的价值，并有效控制城市空间规划与设计的全过程。

1.4 研究内容

本书聚焦于辽宁省工业遗产保护再利用和城市复兴相关内容，引入城市复兴理论建构较为完整的工业遗产保护再利用理论框架。

首先，从国内外理论研究和正在进行的实践出发，结合其差异化的背景，总结出可供借鉴的内容，提炼出工业遗产保护再利用和城市复兴最本质的核心与关键所在；其次，对辽宁省自身工业遗产进行系统研究，提出工业遗产分层级评价体系，并在此基础上提出工业遗产保护再利用理论策略；最后，进一步提出城市复兴背景下的工业遗产保护再利用设计框架，并分层级对各项内容分别展开论述。

本书主要分为三部分，具体内容如下。

第一部分为基础研究部分，即第1章和第2章。本部分提出问题，阐述工业遗产保护对城市复兴的重要性，提出研究方向和技术路线。从国内外关于工业遗产的文献、国际宪章论述出发，结合城市复兴实践中工业遗产的影响元素，对工业遗产保护再利用和城市复兴的相关概念进行阐述；对工业遗产的概念、价值进行详细的分析；进一步明确对工业遗产保护和工业遗产再利用的理解；充分解读城市复兴理论和工业遗产保护再利用与城市复兴的复合型关系。

第二部分为案例分析部分，即第3章和第4章。本部分以案例分析与比较研究的方法，从国内外的相关案例实践出发，结合各自的实践背景进行分析和综合，为之后理论的提出奠定实践基础。

第三部分为理论建构部分，即第5章至第8章。首先，通过对辽宁省工业发展历程和工业遗产空间分布特征的梳理，完善辽宁省工业遗产分层级评价体系，明确保护再利用理论框架的核心内容和选择适应性保护再利用模式；其次，探讨工业遗产保护再利用与城市复兴要素的关联性和工业遗产保护再利用整体性优势及现实目标；最后，在城市复兴理论的指引下，从宏观、中观、微观三个层级对工业遗产保护再利用指明方向和焦点内容。

1.5 研究方法

本书将工业遗产保护理论与设计学、遗产考古学、建筑学、城市规划学、产业经济学、社会学、城市复兴理论相结合，以辽宁省近现代工业遗产和工业城市发展历史与现状为研究素材，分析辽宁省工业发展历史走向和工业遗产形成的技术、历史影响因素。具体的方法包括案例研究法、文献研究法、比较研究法、跨学科研究法等。

案例研究法主要是针对国内外成熟经典案例及其相关经济、社会、历史、文化背景进行全面解读，总结出其中蕴含的普遍性规律，形成建构理论框架的基础。由于现阶段关于城市复兴或者工业遗产保护再利用的资料较少，大多以政府文件的形式或者规划文本的项目案例介绍出现，系统性研究较为困难，本书针对案例本身挖掘其真实性、复杂性并展开分析研究。

文献研究法是通过相关重要论著等文献资料进行综合、分析、整理的系统研究方法。对于未知领域的探索，需要从多样的角度和不同的侧面的文献资料加以分析研究。现场调研主要是系统性整理和搜集研究对象的历史及现实影响材料，在对资料分析的基础上进行现场考察。主要工作是对辽宁省工业遗产开展工业史、地方志、档案、厂史、工业主题博物馆的文献调查工作，走访工业主管部门，对大型工业企业进行专项研究，进行典型工业区的现场调查。

比较研究法是文化人类学研究的一种基本方法。比较研究法是对收集到的材料逐项按一定的标准进行比较，并分析其之所以产生差异的原因，而且要尽可能地进行评价。比较时应以客观事实为基础，对所有的材料进行全面的客观分析。本书比较了城市历史演进中工业文明的构成要素和特征，从区域历史、社会、经济和文化等多角度进行解析。运用比较分析法和层次分析法对工业遗产进行价值评价体系的构建，提出切实有效的保护措施和利用手段。

跨学科研究法是指运用多学科的理论、方法和成果从整体上对某一课题进行综合研究的方法，也称交叉研究法。将工业遗产保护再利用涉及的相关理论和城市复兴理论相结合，从整体层面研究辽宁省域内的工业遗产，在城市复兴理论、遗产保护理论体系框架上，给出适合辽宁省工业遗产保护再利用和城市复兴的策略。这样，突破了以往遗产保护理论纯学术研究的局限性，增强理论的实证性和直观性。

1.6 研究框架

本书研究框架如图 1.1 所示。

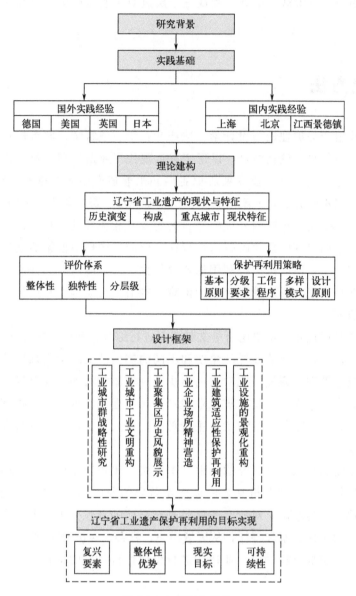

图 1.1　本书研究框架

第 2 章

工业遗产保护再利用
与城市复兴的相关概念

2.1　工业遗产

2.1.1　工业遗产的概念

　　工业遗产的广义概念源于人们对"遗产"的认识。遗产的概念属于法律范畴，在《辞海》中解释如下：公民死时遗留的个人合法财产；历史上遗留、累积的精神财富，如艺术遗产、文化遗产等。

　　《下塔吉尔宪章》中阐述的工业遗产定义反映了国际社会所认同关于工业遗产的基本概念：凡为工业活动所造建筑与结构、此类建筑与结构中所含工艺和工具及这类建筑与结构所处城镇与景观、以及其所有其他物质和非物质表现，均具备至关重要的意义……工业遗产包括具有历史、技术、社会、建筑或科学价值的工业文化遗迹，包括建筑和机械，厂房，生产作坊和工厂矿场以及加工提炼遗址，仓库货栈，生产、转换和使用的场所，交通运输及其基础设施以及用于住所、宗教崇拜或教育等和工业相关的社会活动场所。这是迄今为止对于工业遗产较为权威的定义。

　　在内容方面，狭义的工业遗产主要包括作坊、车间、仓库、码头、管理办公用房以及界石等不可移动文物；工具、器具、机械、设备、办公用具、生活用品等可移动文物；契约合同、商号商标、产品样品、手稿手札、招牌字号、票证簿册、照片拓片、图书资料、音像制品等涉及企业历史的记录档案。广义的工业遗产还包括工艺流程、生产技能和与其相关的文化表现形式，以及存在于人们记忆、口传和习惯中的非物质文化遗产。因此，工业遗产是在工业化的发展过程中留存的物质文化遗产和非物质文化遗产的总和，如图2.1所示。目前，狭义工业遗产是学界研究的重点。国际工业遗产保护委员会主席

L. 伯格恩教授也同样指出："工业遗产不仅由生产场所构成，而且包括工人的住宅、使用的交通系统及其社会生活遗址等。但即便各个因素都具有价值，他们的真正价值也只能凸显于他们被置于一个整体景观的框架中。"

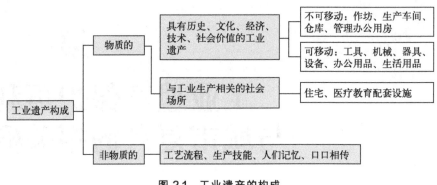

图 2.1 工业遗产的构成

2011 年，国际古迹遗址理事会第 17 届大会通过的《都柏林原则》，主要集中研究工业遗产区域的结构构成与遗址景观的综合性保护原则。该原则明确生产结构和建成环境本身包括生产设施、场地空间、历史资料以及社会精神层面的记忆等物质和非物质的遗产都是工业遗产的价值所在。2012 年第 15 届国际工业遗产保护委员会会员大会指出了亚洲工业遗产的鲜明特点。亚洲工业遗产强烈表现出人与土地的关系，在保护的观念上应该突出文化的特殊性。工业遗产作为历史遗留的文化景观，是人类工业文明发展历程的重要见证。

2.1.2 工业遗产的价值

工业遗产价值评价问题一直是工业遗产保护再利用的关键和前提所在。影响工业遗产价值判断的除了工业遗产的本体价值因素以外更带有一定的主观性，评价者的价值观、伦理观以及个人的文化背景和对技术史、产业史、经济史、社会学认知不同，对工业遗产的价值判断也不一样。人类关于文化遗产的价值认知经历了很长的过程，在国际上，遗产的价值评估起源于艺术史学者的研究。最早可以追溯到 1902 年意大利学者里格尔，他从艺术史的角度，将遗产的价值分为年代价值、历史价值、相对艺术价值、使用价值和崭新价值。1963 年，德国艺术史学者沃尔特将遗产的价值分为历史纪念价值（包括科技、情感、年代、象征价值）、艺术价值、使用价值。

现阶段对于工业遗产的价值评判的研究尚处于起步阶段，跨学科合作有了一定展开，但由于工业遗产价值构成的复杂性，工业遗产价值认定仍未形成完整系统理论体系，在既有的产业史、城建史、技术史研究的基础上借鉴世界文化遗产的研究结果寻找科技在工业中发展和传播的规律与路径。《下塔吉尔宪章》对工业遗产的概念明确阐述了工业遗产的价值在于"技术、历史、社会、建筑或科学价值"，尽管覆盖了工业遗产价值的多个层面，但却流于笼统；《无锡建议》在历史价值、科学技术价值、审美价值方面予以加强。结合文物管理部门的文物价值评定，工业遗产作为新型文化遗产有以下多种价值。

（1）历史文化价值

工业遗产是漫漫历史长河中特定历史时期的遗存产物和幸存者，能够突破时间和空间的限制，承载大量重要历史人物和历史事件，传递历史信息，反映当时的社会经济状况以及社会劳动关系；以历史事实和历史时序来判断工业遗产能够实现和印证历史事件；工业建筑遗存也是历史上建造行业的真实展现，具有稀缺性和不可再生性，能够体现城市的传统风貌和地方特色。

（2）社会价值

工业企业是城市政治、经济、文化、社会发展的重要缩影，社会价值是工业遗产价值丰富性的重要体现。特定的工业活动是在其宏观社会背景下展开的，工业遗产对于研究当时社会结构、工人阶级的生存状态等有着不可或缺的价值。工业实践中的企业文化，艰苦奋斗、精益求精的理念和精神是社会的宝贵财富，是工业遗产所在地归属感的核心要素。工业遗产具有认知作用、教育作用和公证作用。工业企业存在于社会之中，是社会的产物；工业企业的所有变化都是社会发展的结果，如图 2.2 所示。

（3）科学技术价值

工业遗产是特定工业门类的科技发展历史的载体，反映了该行业的生产技术流程、独特的设施设备，留下的实物、档案或记忆都是研究工业技术发展史的珍贵资料。科学技术价值中的产业价值体现在工业生产中的精巧的构造方法，极具天赋的创造性工艺，高超的生产流程和技术，以及不同时期的科技创新，在产业发展过程中具有历史意义的技术、工艺、设备、材料等都具有科学技术价值，应予保护，如图 2.3 所示。技术价值是在工业企业营造过程中所采用的建筑材料、技术、施工工艺以及生产设备的独创性和先进性，这些在工业发展历史中源源不断地体现科学技术价值。

图 2.2　工业企业社会性内容

图 2.3　工业遗产的科学技术价值

（4）美学价值

工业企业曾经是城市中污染、噪声、混乱的代名词，但随着工业企业转型，工业设施本身所独有的建筑特色、空间氛围、设施设备反而成为城市新兴中产阶级的审美对象。工业遗产的美学价值主要体现以下几个方面：首先，某一历史时期建筑艺术发展史的风格、流派和特征在工业建筑和附属用房上有所反映；其次，工业建（构）筑物、巨型的工业装备和全流程的技术细节所表现出鲜明的机器美学、高技术美学、解构主义特征，具有强烈的艺术表现力和审美价值；再次，城市规划的整体性、与工艺流程的关联性以及表现出时代的先进性；最后，工业建筑的建筑体量、风格、色彩、材料、技术对城市空间、景观环境的演变和转化起着重要作用。工业遗产曾经被埋没的独特美学价值被重新发现和揭示，如北京首钢工业遗产在体量、造型、色彩、比例、秩序等设计方面展示出不凡的艺术感染力，表现出很强的美学价值，如图 2.4 所示。

图 2.4　工业遗产的美学价值

（5）经济价值

除了上面提到的四个工业遗产的本体价值外，工业遗产还有一个非常重要的由本体衍生出来的物质经济价值。工业遗产由于产业布局的原因一部分处于城市中心区，一些原来规划在城市周边的工业区随着城市的扩张也逐渐成为城市中心区域，其区位价值随着经济发展大幅提升。工业遗产的经济价值也体现在它的再利用价值方面，即它的实体再利用和参与体验利用价值。工业遗产的建筑寿命比它的技术寿命和功能寿命要长，在其工业生产功能向消费功能转换的过程中，可以避免资源的浪费。这种经济价值的可持续性体现在工业遗存在当代消费主义社会中的再利用方式上，也体现在工业遗存改造提升后对城市片区发展的整体带动作用上。

与国外工业遗产价值评价体系相比较可以发现，如何整体性评价工业遗产价值的构成和工业遗产价值的核心要素是需要进一步研究的，包括价值形成影响因子和具体价值评价指标体系建立都需要有针对性地开展工作，尤其对工业遗产按照孤立的遗产单元进行价值评价，无法显示出遗产群的群组价值。因此，已有的价值评价标准仍然停留在较为具体、通用的层面上，应进一步参考国外相对成熟的经验，对标准进行更加深入的探索。

2.2　工业的概念及内涵

2.2.1　工业

工业主要是指原料采集与产品加工制造的产业或工程。工业也是人类社会发展到一定阶段，社会分工发展的必然产物。工业是第二产业的重要组成部分，主要分为轻工业和重工业两个大类。工业是唯一生产现代化劳动手段的部门，它决定着国民经济现代化的速度、规模和水平，在当代世界各国国民经济中起着主导作用。工业还为自身和国民经济其他各个部门提供原材料、燃料和动力，为人民物质文化生活提供工业消费品；它还是国家财政收入的主要源泉，是国家经济自主、政治独立、国防现代化的根本保证。

（1）重工业

重工业是指为国民经济各部门提供物质技术基础的主要生产资料的工业。按其生产性质和产品用途，可以分为下列三类。

① 采掘（伐）工业。是指对自然资源的开采，包括石油开采、煤炭开采、金属矿开采、非金属矿开采和木材采伐等工业。

② 原材料工业。是指向国民经济各部门提供基本材料、动力和燃料的工业，包括金属冶炼及加工、炼焦及焦炭、化学、化工原料、水泥、人造板以及电力、石油和煤炭加工等工业。

③ 加工工业。是指对工业原材料进行再加工制造的工业，包括装备国民经济各部门的机械设备制造、金属结构、水泥制品等工业，以及为农业提供的生产资料如化肥、农药等工业。

（2）轻工业

轻工业是指主要提供生活消费品和制作手工工具的工业。按其所使用的原料不同，可分为两大类。

① 以农产品为原料的轻工业。是指直接或间接以农产品为基本原料的轻工业，主要包括食品制造、饮料制造、烟草加工、纺织、缝纫、皮革和毛皮制作、造纸以及印刷等工业。

② 以非农产品为原料的轻工业。是指以工业产品为原料的轻工业，主要包括文教体育用品、化学药品制造、合成纤维制造、日用化学制品、日用玻璃制品、日用金属制品、手工工具制造、医疗器械制造、文化和办公用机械制造等工业。

2.2.2　工业用地

工业用地是指直接或间接用于重工业和轻工业生产建设的土地，包括工厂、仓库、工矿业场地以及各种辅助性建设所占用的场地。工业用地要求的布局形状与规模，多因产业类别的不同而有所差异，且与企业规模、生产流程的顺序，原材料和成品的运输方式，以及建筑构造形式有关。

在城市规划中，根据国标城市用地分类与规划建设用地标准，工业用地可分为三类。

一类工业用地：对居住和公共设施等环境基本无干扰和污染的工业用地，如电子工业、缝纫工业、工艺品制造工业等用地。在规划图纸中用字母 M1 表示。

二类工业用地：对居住和公共设施等环境有一定干扰和污染的工业用地，如食品工业、医药制造工业、纺织工业等用地。在规划图纸中用字母 M2 表示。

三类工业用地：对居住和公共设施等环境有严重干扰和污染的工业用地，如采掘工业、冶金工业、大中型机械制造工业、化学工业、造纸工业、制革工业、建材工业等用地。在规划图纸中用字母 M3 表示。

2.2.3　工业与城市

工业革命在 18 世纪 60 年代始于英国。1784 年瓦特改良蒸汽机，工业化生产从 18 世纪逐步扩展，新的动力和机器的发明应用，推动了在化学、采掘、冶金、机械制造等领域的技术革新，使经济得到进一步的发展。继英国之后，19 世纪的法国、德国、美国等国家也相继完成工业革命。大工业的建立为资本主义制度的建立奠定了物质技术基础，工业革命促进了生产力的迅速发展，提高了生产社会化的程度。工业革命也同样促进了城市化进程，城市化进程加快了城市人口的聚集和增长的同时，工业建筑由于生产的变革也出现了功能与形式上的改变。

工业革命之后，以英国为首的老牌资本主义国家的工业发展经历了工业化初期、中期和后期的发展过程；20 世纪 50～60 年代，传统工业开始衰退，产业结构出现转型，城市进入后工业时代。城市传统工业主要有原料指向型、市场指向型、动力指向型、劳动力指向型和技术指向型五种类型，城市工业用地的选址考虑因素包括土地、市场、原料、劳动力、交通运输和能源条件等。以原料为指向的工业往往先建工业后建城市，如我国黑龙江省的大庆市、辽宁省的本溪市和鞍山市等；其他类型的工业均依附于城市，利用城市提供的市政、交通、劳动力和市场条件，在城市规划区内相对独立、与居住分隔的区域形成工业用地。当工业用地在城市外围连接成片时，就形成了城市工业带。工业是区域或城市经济发展的重要组成部分，当工业在一个城市国民经济中所占比重达到一定规模时，工业城市应运而生；资源型城市是以开发自然资源（如石油、木材、矿山等）为主的工业城市的特殊形态。当城市工业带或工业城市集聚，达到一定的密度和规模，并与城市带的形成和发展互相推动时，就会形成区域性的产业集聚，即工业聚集区、工业走廊或工业带。

当前我国大多数城市正在努力向现代工业化迈进，基本处于工业社会的中后期，而发达国家大城市已经开始步入后工业社会。美国哈佛大学教授丹尼尔·贝尔系统地论述了后工业社会技术，他指出：1945～1950 年是后工业社会象征性的起始年代。贝尔还指出后工业社会的概念是一个相对宽泛的概括，其自身特征也十分明显：经济方面体现在产品经济转变为服务经济；创意阶层和专业技术人员处于主导地位；信息和人工智能在引领变革。

我国著名建筑学家、城乡规划家和教育家吴良镛提出人类社会"从工业化时代走向信息时代，从工业社会走向后工业社会，从城市化走向城市世纪"。后工业时代的迅速崛起导致工业社会的日益衰退，出现了学界所描述的"逆工业化现象"。首先，城市产业结构调整导致传统制造业地区的衰落；其次，城市传统工业区建筑、环境及基础设施条件相对滞后与老化，出现功能性的衰退；最后，城市产业布局调整需求增大。1996 年巴塞罗那国际建筑师协会第 19 届大会所提出的城市"模糊地段"就包含诸如工业、铁路、码头等废弃地段，明确指出此类地段需要保护再利用和复兴。

2.2.4　工业地带

工业地带作为一种新型的城市聚集形态是伴随着工业化的高速发展和城市化水平的提高共同作用形成的，在工业聚集区的工业城市交通路网连接紧密，产业资源上下游关系明显，城市类型之间相互补充，形成具有核心竞争力的城市群。这种集中城市群工业发展的优势在于能够将交通、物流、商业、服务业等集合整体提升。例如美国东北部城市带包含纽约、芝加哥、波士顿等重要城市；由于日本经济发展受制于资源匮乏，工业地带主要沿海布置，比较著名的是京叶工业带和鹿岛工业区；德国的鲁尔区是以矿产开采加工为基础形成的著名工业地带，其范围涵盖了 8 个大的城市区域和十几个区域中心城市，鲁尔工业区内矿产资源丰富，工业城市之间距离较短，交通运输便利，煤炭、钢铁、机械、电力和化工等工业基础雄厚。

我国的辽中地区、京津唐地区、沪宁地区工业基础较好，随着今后工业的发展，也必将会有形成工业地带的趋势。20 世纪 50 年代开始，我国已开始注意到城市化过程中大城市迅速扩张所带来的交通堵塞、环境污染、住房紧张等实际问题，城市规划建设部门实施多中心组团式卫星城建设和工业区建设，城市公共资源紧张问题得以一定程度上的缓解。以上海为例，以上海为核心城市、辅以卫星城的规划模式，对于调整产业结构，区域间的产业转移，打造和谐宜居、富有活力的现代化城市等方面都起了一定的作用。这种一中心多组团的城市形态规划也为上海打造世界级城市奠定了基础。

2.3　工业遗产保护再利用

工业遗产作为新型文化遗产，涉及建（构）筑物、设施设备、交通运输、动力能源，以及与工业生产密切相关的工人住宅、生活服务设施、文化教育设施等，是一个复杂的巨大系统。工业遗产作为城市建设发展过程中具有时代特征和历史风貌特色的宝贵文化遗存，是工业文明发展的物质载体，是理解城市性格和塑造城市物质空间特征的重要板块。工业遗产的保护再利用，是对遗产核心价值的科学性解读和历史文化资源的创新展示，是保持城市持久生命力所采取的必要手段。

2.3.1　保护再利用的内容

工业遗产不同于一般类型的文化遗产，工业遗产的保护再利用很少孤立存在，而是与城市工业用地的复兴紧密相关，遗产保护内容包括有特色的厂房组团、建筑单体、工业文化景观区域以及独特的生产工艺等，力争能完整地再现当时工厂生产时的大体面貌，让观众获得相关的知识和体验。对于缺少典型性和独特性的工业遗存，其再利用内容主要包括大型厂房及附属建筑的室内空间；厂区的室外空间资源；以及零散的工业物件。尽管此类工业遗产已经丧失了其核心的工业生产内容，但它们的外在形式还是可以经过悉心设计后转变为符合现代商业社会需求的物质资源。

保护文化价值是工业遗产保护再利用的基础。文化是人类有目的性的创造，工业遗产作为文化遗产的一个类型，与工业文化发展、工业生产历史事件紧密联系，具有普遍意义的文化特征。保护技术价值是工业遗产保护再利用的核心。工业遗产作为工业时代技术发展的承载物，是技术进步的重要物质见证，工业遗产中的技术保护实质上是对工业文明的尊重，从而保证人类文明发展的持续性和时代性。

2.3.2 保护与再利用的关系

工业城市的形成，一直是旧有产业示弱和新兴产业迅猛发展的承载容器，对记载城市中人们生活、工作和交往历史信息的工业遗产加以保护成为全社会的基本共识。保护工业遗产所产生的文化效益和由保护所造成经济效益的缺失之间的矛盾一直动摇着规划建设者的决心，保护所进行的文化建设和再利用所进行的经济建设协同发展就变得极为重要。在城市化高速发展的今天，工业遗产保护再利用是以保护为第一要务的，没有有效的保护，再利用也就无从谈起。在城市复兴的大背景下，将保护再利用工业遗产与城市产业结构升级、经济增长方式转变紧密结合，将历史文化和当代社会，遗产保护再利用和城市复兴进行有效联动，实现工业遗产保护再利用的复合性收益，在获得文化收益的同时获取经济、社会、生态效益的共赢。在西方国家，工业遗产的保护与再利用已成为建筑师、规划师和相关行业工作者关注的重点领域，无论是工业遗产的原真性保护，还是再利用性质的改扩建项目，都是将工业遗产所承载的工业历史与文化展示于现代城市建设之中，使其成为现代都市有机体的重要组成部分，发挥出巨大的文化和经济余能。

工业遗产的合理活化利用，是以保护遗产真实性、完整性为基础的可持续利用。保护与再利用，两者是一种密不可分的动态关系。保护的目的就是为了利用，而利用又不能脱离保护。一定意义上讲，利用是重要的保护方式之一；保护作为再利用的前提条件存在。保护工作是从发现工业遗产开始的，工业遗产的调查研究工作是发现工业遗产的重要手段；克服商业上的诱惑等困难，通过城市规划的法律效力和各方面力量对工业遗产的完整内容加以保留，这是保护工作的关键，也是开展再利用的基础。对于工业遗产的物理干预，需要尊重其历史价值和工业发展过程中的重要事件，具有识别意义的主题性工业遗产特征的延续有助于全方位地阐述和展示工业遗产资源。保护与再利用不是对立的矛盾关系，而是相辅相成的促进关系。

工业遗产的形成是一个复杂和多方面综合作用的结果，是通过多种政治、经济、文化因素相互交叉影响而完成的，保护工业遗产的鲜明特征有助于阐释和反映工业发展的多样化路径，工业遗产的多元性和丰富性价值也是在保护的基础上逐步发掘，但归根结底是要保护和展示建筑的文化价值，而不是抛弃原有鲜明特征。从遗产保护学角度研究工业遗产的再利用，不同于一般意义上的旧建筑空间改造利用，首先应在价值评价的基础上，进行再利用的可行性分析，保护的范围和利用的边界需要被明确；其次在对工业园区、建筑单体空间和结构的利用上，对空间的整体意向和技术手段以及构造细部的利用都是以不破坏工业遗产的原真性和设计语言的线索同一性为原则的。利用过程中设计者所采用与原遗产并不相关的规划手法、建筑形式、构造做法都会对工业遗产保护产生认知上误导。仅仅从工业厂房的空间使用的经济价值为出发点，不顾工业格局和生产流程的遗产要素将使工业建筑遗产在利用过程中失去历史文化保护的意义。

工业遗产的动态保护相对于遗产冻结式的保护方式来讲，更加适应现阶段城市发展的开放性和可持续发展的规划理念。工业遗产的保护和再利用有助于减少新建建筑的资金要求和资源消耗，同时将废弃的工业资源创造性地转换为城市文化资源，减少对自然环境的破坏。

借鉴德国、英国和日本工业遗产保护再利用实践的先进经验，工业遗产保护的最佳方式是将保护工作与城市复兴相结合，工业遗产的历史、社会、经济、艺术、技术价值再利用的过程得以充分体现，在工业遗产保护规划和导则的指导下，规划人员和建筑师与文保专家、社会学家共同主导保护及再利用的模式选择，主要的利用模式包括工业主题博物馆、工业旅游、文化创意产业园区、新型都市空间等，生产空间的功能置换可以实现博物馆、美术馆、办公、商场、酒店、学校、展厅、画廊、艺术家工作室、纪念馆等类型的新空间，在确认工业遗产的使用安全基础上获得有效和安全的再利用。

位于我国辽宁省沈阳市的中国工业博物馆把铸造厂的车间改造成铸造博物馆。这座庞大的铸造博物馆近 2 万平方米的主体建筑基本保留了原铸造厂车间的原貌，保留原厂的混砂、落砂、排砂、抛丸等系统，保留冲天炉、10t 天吊及运输轨道、举架高达 30m 的厂房等，馆内存放钢水包、铸件、设备等实物，展示了七大铸造工艺流程，并运用大量的图片、文字和音像，在此基础上营造出工人生产的场景，使一个不再生产的老厂房再次焕发了生机活力，成为一座集中展现东北老工业区工业文脉的博物馆，如图 2.5 所示。总之，位于城市中心区的工业遗产由于功能的转化，使工业遗产重新为城市服务，实现其真正意义上的再生。

图 2.5　沈阳铸造博物馆

2.3.3 保护再利用的一般性原则

（1）工业遗产保护的原真性和完整性原则

对于在工业文明发展过程中有重大历史意义的和有代表性的工业遗产来说，最佳的对策是对其进行"保护"。核心的保护原则有两个：其一是工业遗产的原真性，即尊重工业遗产的原有状态，不要擅自更改，以使工业遗产能充分真实地流传下去；其二是工业遗产的完整性，也就是既包括工业遗产本身的有形建筑、场地和设施等物质层面，也包括工业遗产所展现的社会生产关系、劳动精神等非物质层面，不能只是有选择性地保留有明显经济价值的部分和文物价值突出的部分，否则将造成工业遗产整体性信息的缺失。

（2）工业遗产的再利用原则

对于大部分特色不突出的非典型性的工业遗产来说，它们最佳的存在方式是发掘内在的空间价值、审美价值、教育价值等经济方面的价值，服务于当代城市发展的需要。利用现代设计的绿色、环保、健康、智能等前沿建造科技手段，给市民提供高品质的生产、生活休闲空间。

（3）保护与再利用的内在复合性原则

工业遗产的保护和再利用是两种截然不同的处理方式，保护更多的是为了传承、展示、教育和研究；再利用则侧重于植入新的功能，谋求经济效益、社会效益的最大化。过分强调保护会对任何改变工业遗产现状并寻求经济价值的尝试予以排斥；只强调再利用则会对工业遗产进行改造，或多或少会破坏工业遗产的原真性和完整性。这两者之间在根本上是相互制约的，存在此消彼长的对立统一关系。

（4）工业遗产保护与工业遗产再利用的评估

在工业遗产价值保护和完整性展示的前提下结合城市功能的调整进行适应性利用，而不是仅仅局限于静态博物馆式的保存模式将更具有现实意义，将工业遗产与城市功能相结合，利用复合化的共享弥补城市各项公共文化设施资源的不足，在不同尺度上打造符合城市整体风貌的区域工业景观和塑造城市名片是工业遗产保护再利用的更高追求。

2.4 城市复兴理论

2.4.1 城市复兴理论的形成基础

城市复兴理论是在 20 世纪 90 年代后期和 21 世纪初的英国新工党执政时期对传统城市更新的批判性发展，是建立在英国城市问题的历史与机会的基础上的。

首先，在经济转型和就业形势的变化上，传统的经济体制陷入持续衰退的局面时，城市的经济秩序就会坍塌，旧有的城市地区由于经济基础的结构虚弱，不能适应新商务类型和基础设施的要求，从而陷入更大的衰退；生活在老城区的劳动力缺乏适当的培训与适应新技术环境的能力，从而导致这些人员被排除在新经济之外。

其次，在社会与社区问题上，资本和劳动力市场在经济转型初期就出现变化，社会人口由工业区域迁出，城市工业中心区不再是富裕阶层首选的居住地，不再是一个具有吸引力和提供文明生活方式的地方。同时随着传统工业外迁，城市的公共文化设施的缺失和第三产业的滞后发展，城市在功能转型过程中所遗留的问题暴露无遗，城市工业遗产区域在消费文化时代日渐式微。

再次，在空间环境问题上，城市中建成环境退化严重，城市中心区工业遗产等基础设施衰败、房屋闲置、活力丧失、逆城镇化趋势明显、城市中传统风貌和生活方式受到极大挑战。

最后，1999 年英国城市工作专题组的报告《迈向城市的文艺复兴》，将城市复兴的意义提高到同文艺复兴相同的历史高度，也印证了人文精神对于城市复兴思想的影响。

2.4.2　城市复兴的概念内涵

英国伦敦规划顾问委员会的利歇菲尔德女士在《为了 90 年代的城市复兴》一文中对城市复兴描述为："用全面及融汇的观点与行动为导向来解决城市问题，以寻求对一个地区得到在经济、物质环境、社会及自然环境条件上的持续改善"。城市复兴是针对既有城市建成地区存在的问题，以振兴地方经济，活化存量资源，修复社会结构和提升环境质量为目标，采用全面、整体、系统和综合的观点和方法，通过综合性、整体性的城市开发计划与实践行动，寻求急需改变的地区在经济、物质、社会和环境方面得到持续改善。不同于过去以物质空间为核心、以注重房地产开发、缺乏全局和系统观点、急功近利的传统城市更新，城市复兴是一种多维度、众参与、综合性的解决城市问题的长效机制。要实现这一目标，必须加强对既有建成环境的尊重，注重城市历史文脉的传承，避免推倒重来这种急功近利的城市复兴模式，建立一种第二、第三产业协调发展、社会公众积极参与、城市功能复合化的用地使用长效机制。

城市复兴作为指导城市发展和城市建设的纲领性文件，是以城市经济、社会、文化、环境全方位复兴为总体目标，能够综合、系统解决工业城市成功转型、持续发展的策略计划。城市复兴理论与城市更新、城市修复、棕地治理、城市再开发的规划理论相比较，城市复兴是能够比较综合、系统地解决城市所面临的多样化问题。城市复兴理论发展轨迹如表 2.1 所示。

表 2.1　城市复兴理论发展轨迹

理论政策	20 世纪 50 年代城市重建	20 世纪 60 年代城市复苏	20 世纪 70 年代城市更新	20 世纪 80 年代城市再开发	20 世纪 90 年代城市复兴
城市发展战略	城市旧区的重建、扩展和城市向郊区的蔓延	高速公路发展，郊区及外围地区迅速发展，对早期规划进行调整	从推倒重来大规模更新，到注重社区邻里的渐进式、内涵式城市更新政策	城市中心区大型综合旗舰项目的再开发，城市郊区综合项目开发	采用综合、整体的方法解决城市问题，实现城市复兴

理论政策	20 世纪 50 年代城市重建	20 世纪 60 年代城市复苏	20 世纪 70 年代城市更新	20 世纪 80 年代城市再开发	20 世纪 90 年代城市复兴
促进机构和利益团体	国家及地方政府、私人开发商共同参与	国家及私人投资机构共同承担，私有部门的作用得到加强	私人发展商的作用增加，地方政府的核心作用在减弱	主要是私人机构和特殊部门的参与，培育合作伙伴关系	合作伙伴的模式占主导地位，强调横向和纵向机构之间的联系
行动空间层次	地方或地段层次	地区与区域层次结合，出现区域层面上的开发行动	地区与本地层次后期更注重本地层次	早期注重地段层次；后期注重与地方的结合	引入战略发展方法，关注区域层次
城市规划策略	城市化进程加快，大量新建与城市外围发展，注重体型环境与市政基础设施，美化城市景观	逆城市化出现，城市新建过程中对城市建成区的规划调整，加强市政基础设施的建设	城市旧城区的更新强调功能混合，新城市主义，吸引人们重新回到城市中心，城市环境有新的改进	在城市更新中利用旗舰综合项目的建设替代原有功能进行置换。提升城市的外部形象及竞争力，关注环境问题	注重历史文化与文脉的保存，优先考虑土地循环和高效使用，注重生态环境、可持续发展和能源的综合利用，采取紧缩城市政策，避免城市蔓延，注重城市交通的便捷和流动，富有特色的城市空间和景观吸引新的居民
经济策略	公共和私有部门联合投资	全球经济结构变化，传统经济开始衰败；经济发展与解决社会问题相结合，私人投资比例及影响日趋增加	重点放在土地开发、基础设施建设上，强调中央政府的集中控制和运作，私人机构商业投资占主导地位。建立工业改善区、弃用地与开发许可	私人投资为主，社区自助式开发，政府选择性介入。公共机构与私营机构组成合作伙伴关系，通过基金予以协助。中央政府指导地方政府成立城市行动组和城市工作组	政府、私人商业投资及社会公益基金全方位的平衡，公共机构与私营机构组成合作伙伴组织，注重地方政府和社区在城市建设中的作用，利用基础设施优势，通过大型综合体和商业设施等旗舰项目刺激投资和市场需求
文化策略	重建国家与城市的文化自信	高雅的传统文化和文化设施建设，对公众进行教育	强调文化的通俗性、试验性、先锋性	注重文化多样性，社区参与，实现经济的多样性、增加就业、文化特色提取，遗产保护	城市营销指导下的文化资源扩展、文化规划、文化旗舰项目、城市文化区、城市庆典、文化产业和体育产业、文化旅游等
社会策略	解决第二次世界大战后大量住房短缺，提升居住及生活条件和质量	失业率升高，环境污染严重，犯罪率升高，社会极化现象加速，社会政策注重环境提升、改善及福利水平的改善，解决城市社会贫困、就业和冲突	以社区为基础的作用显著增强，强调社会发展和公众参与，城市人口与就业的平衡	社区自助、公众参与	重新注重社区和少数群体的需求，注重培训、健康与文化服务的获得；职业介绍；客服排他性

城市复兴主要包括城市功能的复合化、城市经济复兴、城市文化复兴以及复兴中的合作伙伴组织等方面。

（1）城市功能的复合化

城市的功能是混合多元的，差异性的功能构成共同作用于城市整体，从而形成人与城市、人与社会渗透共生的复合化场所。

（2）城市经济复兴

经济基础是城市存在和发展的基石。经济结构与城市结构、产业布局与城市功能布局之间，既相互制约又相互促进，协调好两者之间的关系是经济发展和城市发展的关键。

（3）城市文化复兴

城市文化基因作为城市性格形成的重要内核，其内涵传承和发展亦应该随着时代的进步而同时进行，大众与多元文化已逐渐成为当代文化的主流。对城市的文化历史资源的深度挖掘和展示，更能够体现城市的情感和鲜活的生命力。近年来诸多学者将文化创意产业的研究与城市工业遗产区域复兴结合起来，试图通过文化的深厚底蕴和文化创意产业的聚集来提升城市形象及城市竞争力。

（4）复兴中的合作伙伴组织

早期的城市更新运动的投资者和运作者是国家或地方政府，私人投资者也在随后的过程中加入进来。但由于操作模式的不合理和个体对于自身高收益的追求，这种合作模式经常会侵害到社会大众的利益。随着城市更新实践的不断推进，产生了公众参与的模式，专业机构以及社区组织等逐渐加入其中。各个参与主体也都认识到，城市的发展需要社会各阶层、多方位的全面合作。欧洲国家在城市复兴战略中将其称为"合作伙伴组织"。合作组织的模式也随着城市问题的复杂化而更强调横向和纵向机构之间的联系。

大量的城市设计实践表明，新兴产业的高速发展倒逼城市用地结构的调整，原有的工业用地让位于商业服务业，城市复兴作为最全面、多学科综合的理论体系顺应了这一时代性潮流，可持续发展概念的介入，让城市复兴的观念和理论得到了进一步的升华。另外需要指出的是，城市复兴在空间的广度上包括从社区到城市，再到区域的广大范围，而这些正是保证城市发展空间的开放状态的整体复兴。

2.4.3　以设计为先导的城市复兴

城市复兴是城市整体、综合意义上的复兴，以设计为先导即通过对城市空间环境的规划和设计导则编制，打造产业协调发展、社会弥合度高、文化繁荣、空间共享高效的城市复兴，设计涵盖宏观层面的战略规划、中观层面的城市设计和微观层面的具体城市空间设计。

根据英国建筑与建成环境委员会等机构所发表的报告显示："好的城市设计带来更好的设计附加值""好的城市设计增加了经济价值"……高质量的城市设计对于租赁、投资和使用者市场中的主要部门都具有吸引力，业主和使用者愿意为高质量的设计支付额外的费用。大量的城市复兴实践都是在设计的带动下进行的，鉴于设计具有把理论与城市改造实践结合起来的特性，设计的方法是在自身发展过程中逐渐完善的创造性活动，通过设计打破传统学科之间的专业壁垒，从对现存事实的评估到整体性的构思与计划，协调相邻学科领域的研究探索内容，在城市建设和城市空间营造上形成实质性的影响。

尽管世界各国的城市复兴之路，都因各自的政治制度、历史与社会背景，以及面对的城市问题而有所区别，但各国之间的相互学习、相互借鉴从未停止。纵观各国城市复兴的发展历程，对于设计先行的城市复兴策略有着共同的特点，即先期构建一个宏观的系统性框架，然后展开相关规划和导则的编制工作，用以指导后期的设计实践。

系统的框架是将城市复兴作为整体来考虑。由于影响城市复兴的要素和涉及的问题越来越多，设计者需要在城市复兴设计的过程中，充分掌握其全盘性和相互联系及制约的各子系统的各项问题，提纲挈领地解决城市问题与矛盾。设计过程中则需要着重考虑整体与部分之间的相互联系、相互作用和相互制约的关系中综合精确的考察设计对象，以期达到最佳的效果。城市复兴要素具有一定的层次关系和逻辑关系，层级关系的有序性和层级有效信息及线索为设计提供了保证。涵盖宏观战略规划、中观区域规划、微观空间设计连续的设计导则，能够确定设计的基本方向，按照预定的系统目标保证设计的质量。

2.5 国内外相关研究动态

2.5.1 国外关于工业遗产保护再利用的研究动态

英国是近代工业革命的先驱，工业遗产资源极为丰富，在《世界遗产名录》中以六项工业遗产位居世界首位，同样英国对工业遗产的研究与保护也起步较早，为其他国家展开此类研究提供了参考和借鉴。随着实践和历史的沉淀，传统的工业文化逐渐成为西方发达国家历史文化遗产的重要组成部分。西方国家的工业遗产保护运动萌芽于 19 世纪欧洲国家针对建筑的保护与修复运动，它是从小众的个人爱好发端，逐步引起公众的注意。在 20 世纪中叶随着遗产研究的深入和学科交叉，技术史、建筑史和历史学与考古学的融合使之逐渐完善并发展成为一门学科，城市文化遗产保护的对象与类型也在不断扩大。西方发达国家率先完成了工业化，随着产业结构的调整和资源型城市转型，早期工业区范围内反映工业发展阶段历史和鲜明产业特征的工业建筑、工业生产生活空间、生产设备等被相对完整地保留了下来，对工业遗产的重视和保护再利用工作在近代工业发源地逐步开始展开。

英国作为工业革命的最先开始的国家，早在 20 世纪 50 年代英国相关学者和组织就开始了对工业遗产调研工作。1955 年，英国学者发表了名为《工业考古学》的文章，文章重点介绍了英国工业革命时期机械化生产的大量工业遗产和工业革命所呈现出机械技术的辉煌成绩。作者在论文中提醒公众应加强对工业遗产的价值认知和空间的合理保护，认为工业遗产具有考古学的意义，它所引发的公众和社会组织进行的相关调查记录、价值研究、保存方式等促使英国政府制定调查记录及计划与相关保护政策；1963 年《工业考古学导论》出版，该书对工业考古研究的目的、方法和注意事项进行了明确，为工业遗产相关理论向规范化展开奠定了基础。1968 年英国伦敦工业考古学会成立，学会主要致力于城市工业遗产记录和对工业遗产保护再利用研究以及加大工业遗产影响力方面的工作。1972 年，美国学者发表了《工业考古的保护与视角》，通过对工业遗产的研究为美国历史文化遗产提供了新的方法和研究角度。1973 年，英国工业考古协会创立并在铁桥峡谷博物馆召开了第一届国际工业纪念物大会，工业遗产作为独立的学科概念被提出，工业遗产不再是小众范围内的个体研究行为，世界各国的政府机构和学术组织开始组织学者投入工业遗产的保护再利用研究中，较为完整的工业遗产保护理念也逐渐形成。1978 年，第三届国际工业纪念物大会在瑞典召开，国际工业遗产保护委员会宣告成立，成为第一个致力于工业遗产保护的国际组织，该组织也从事国际古迹遗址理事会工业遗产问题的咨询。不同领域的专家、学者成为国际工业遗产保护委员会委员，致力于工业遗产的调查、保护、文献整理及研究工作，由此工业遗产保护理念逐渐普及。20 世纪 80 年代，工业用地调整和城市更新运动的兴起，传统工业企业和工业建筑再利用开发所涉及的文物保护及风貌调整使工业遗产研究领域吸引了更多的注意，废弃的厂房建筑和机器设备按照后工业景观来描述，被称为"产业景观"；日本在 1980 年末期开始关心"文化财"中属于生产设施方面的工厂与工业建筑保存，并开始进行普查工作。1986 年，英国铁桥峡谷被《世界遗产名录》收录，标志着工业遗产世界遗产化的开端。1994 年世界遗产委员会（UNESCO）提出了《均衡的、具有代表性的与可信的世界遗产名录全球战略》，在该文件中特别强调了工业遗产是遗产类型中的一类。1996 年，世界遗产委员会委托国际古迹遗址理事会研究了运河、桥梁、铁路和矿厂等类型的工业遗产，颁布了《世界运河遗产报告》《世界桥梁遗产报告》《世界铁路遗产报告》《世界煤矿遗产报告》等研究成果。2002 年柏林国际建筑师协会第 21 届大会将大会主题定为"资源建筑"，并介绍了德国鲁尔工业区城市再生等一系列产业建筑改造的成功案例，进一步使产业建筑历史地段保护、改造和再生事业引发世界建筑同行的关注。2003 年，在莫斯科通过了由国际产业遗产保护联合会提出的《下塔吉尔宪章》，宪章对工业遗产做出了权威的定义，同时指出了工业遗产的价值，以及认定、记录和研究的重要性，并就工业遗产立法保护、维修保护、宣传展示、教育培训等方面提出了原则、规范、方法的指导性意见。该宪章可以被认为是世界工业遗产保护认识进步和演进的一个里程碑。

2005 年，国际工业遗址理事会第 15 届大会上将 2006 年 4 月 18 日"国际古迹遗址日"的主题确定为"保护工业遗产"，使国际专业人士和有关专家能够就世界范围内的工业遗产保护展开广泛合作。国际工业遗址理事会在第 17 届会议上通过了《都柏林原则》，其中"共同保护工业遗产所在地区域文化和本体结构以及景观的原则"被选取为全世界各个成员国相关部门和单位必须遵循的最基本规则。2012 年 12 月，国际工业遗产保护委员会在我国台湾举行了第 15 届国际工业遗产大会，主题为：后殖民和工业遗产的重新解读，关注历史、政治、种族、环境、经济、技术、工业遗产与社会问题之间的紧密关系。

有关国际工业遗产的文献主要来自 3 个方面：联合国教科文组织世界遗产委员会公布的相关文件与发行的期刊、国际古迹遗址理事会公布的文件以及国际工业遗产保护委员会公布的文件与发行的期刊。在《国际工业遗产的保护与管理》一书中，北京大学学者阙维民对这些文献进行了详细的述评。由于国外开展工业遗产研究较早，因此国外学者在工业遗产的研究上取得了丰硕的成果，主要表现在研究涉及的区域广、研究类型多样、研究角度和内容丰富。

20 世纪下半叶，全世界尤其是西方的传统经济结构发生了深刻变化，工业经济向服务经济演变。发达国家众多工业重镇经历蜕变，纺织、煤炭、钢铁等传统工业衰落，昔日热闹的工厂、码头、仓库一片荒芜，生产场所转换为闲置空间，生产设施演变为工业遗产。

工业遗产的合理利用逐渐受到人们的关注，理论研究和改造实践迅速发展，逐渐形成较为完整的更新系统，并逐步引入生态环保、可持续发展等概念，使得工业遗产的研究方法向多角度、多学科领域发展。世界范围内出现了一批如德国的鲁尔区、英国的曼彻斯特北部地区等成功的工业遗产实践案例，破旧的制造业基础设施和工厂陆续被改造成新的文化娱乐或商业设施。合理利用工业遗产已被视为工业地区转型的有效手段，废弃的工业区成为工业遗产旅游的重要资源。让传统工业区聚集新经济、注入新文化元素并努力创造有活力的地方氛围，成为工业遗产再利用的范式。世界上越来越多的工业城市被这种开发式所吸引，重塑地区的形象，促进地区经济的发展，扩展其全球影响力。2010 年，国际工业遗产保护委员会、国际技术史委员会与国际联合劳动博物馆协会在芬兰坦佩雷联合举办了国际工业遗产联合会议，并确认会议主题为"工业遗产再利用"。

进入 21 世纪以后，大量的工业遗产保护再利用成功案例开始在英国、美国、荷兰、日本等国家出现，虽然世界各国对工业遗产保护再利用的理解并不完全一致，但都已不仅仅停留在单体建筑和工业遗产本身的保护及利用上，而是考虑与所处城市和区域的协同关系，形成了较为成熟的保护制度和实施办法，已经进入对城市复兴大框架下的规划和应用阶段。这些实践证明，只有将工业遗产保护和再利用与城市复兴紧密结合，才能够得到更多的承认与理解，切实推动全球范围内工业遗产保护的发展。

2.5.2 国外关于城市复兴的研究动态

城市发展是一个从不间断的"新陈代谢"过程，城市复兴作为城市自我调节机制始终存在于城市发展之中，它强调社会、文化、经济、环境等多种因素的综合发展。到目前为止，有据可查的国外对城市复兴的重视和研究是从英国、美国等国家开始的，主要是针对物质环境老化、产业结构衰退、社会结构衰败的城市老城区。英国针对 19 世纪高速工业革命和城市化遗留问题于 1968 年启动了城市计划，同期还发起了"社区发展工程"，1972 年发起了城市内城区研究计划，出版了《内城研究：利物浦、伯明翰和朗伯斯》《内城政策》等论著。1974 年发起了综合社区计划，试图综合地解决问题，1977 年颁布的《内城白皮书》对城市计划进行了修订，城市改造项目大量增加，形成政府与私人投资合作的模式。20 世纪 80 年代注重城市中心区商业开发和公共环境建设，社区组织加入城市更新之中。90 年代可持续发展成为城市政策的核心，强调社会、文化、经济、环境、设计等多元素的综合发展，城市复兴随之产生。1999 年英国的查德·罗杰斯完成了《迈向城市的文艺复兴》的研究报告，被称为世纪之交最为重要的关于城市问题的纲领性文件。城市复兴理论是在城市更新、城市再生理论的基础上形成的，是用一种综合的整体性的观念和行为来解决不断出现的城市问题，致力于经济、社会、空间、文化等方面对城市区域做出长远的、可持续的改善和提高。

美国学者通过跨学科的研究，针对美国既有城市规划中城市与郊区的关系、城市复兴、住房供给、清理贫民窟、郊区化趋势等进行了大量的分析，提出了美国的解决模式和实践经验；探讨了各种城市改造策略背后的逻辑，对于每一个策略，考察了首先倡导该策略的项目或开发计划，分析了应用该策略的经典案例，提出了预测框架。简·雅各布斯所著的《美国大城市的死与生》作为 20 世纪城市规划领域的经典著作，对世界范围内的规划学者产生了重要影响，尤其是对美国城市再造和城市未来发展提供了不同角度的解读。纽约、芝加哥等美国大城市被作者选为考察的重点对象，对这些城市的重要构成元素以及发挥的作用都一一进行了详细的论述，提出了对传统的城市规划理论的质疑，从更深层次揭示了城市的多元发展和自身形成的复杂性。

虽然各国对工业遗产保护再利用和城市复兴的理解并不完全一致，但都不仅仅停留在概念和操作方面的研究，而是已经形成较为完备的策略体系，已经进入应用阶段。进入 21 世纪以后，随着城市复兴的实践进入评估阶段，各国城市管理部门和城市组织开始了工业遗产保护与城市关系的反思，如何在更大范围内进行资源整合，避免资源的浪费，在合理利用中为城市积淀丰富的历史底蕴，带动区域经济、文化、休闲、旅游等产业的协调发展，为城市经济社会未来发展带来更多的可能性。研究重点聚焦于将区域内的文化资源价值最大化，使其成为拉动经济发展的重要源泉，带动周边城市进行联合发展，将工业遗产廊道、历史工业区、工业历史风貌区、工业景观带等清晰的设计场所与文脉的全面和人性的理解相结合，构建文化线路、交通廊道、遗产廊道等线性空间设计理念和区域实践方法，对文化情感认同和工业旅游开发都起到了积极作用。

随着国际上对文化遗产保护和城市复兴的认知在深度及广度上的扩展，其研究内容与方法也是逐渐复杂和多元的，工业遗产保护向整体性、区域性大尺度宏观研究趋势发展。

2.5.3　国内关于工业遗产保护再利用研究动态

工业遗产保护再利用理论最早在国外兴起，在遗产保护的机制研究及其设计实践模式上一直很有建树，直接引入国际上比较成熟的理论和方法对于指导我国当下方兴未艾的工业遗产保护再利用有很好的参考借鉴意义。近些年来工业遗产方面的研究成为热门话题，早期研究主要集中在对国外的工业遗产保护概念与理论回顾上。进入 21 世纪，工业遗产保护在国内开始得到重视，2006 年《无锡建议》发布后，才开始形成工业遗产保护系统化研究。通过检索 CNKI 数据库发现，截至 2019 年，以"工业遗产"为主题的各式学术论文有 5000 余篇，关于工业遗产方面的研究，无论从理论深度还是具体实践上都发生了显著的变化。国内学者对工业遗产从不同视角进行研究，形成了大量的论文以及成果，而且涉及学科广泛，如建筑科学与工程、旅游、文化、考古、工业经济、宏观经济管理与可持续发展、文化经济、矿冶工程、服务业经济。在研究方法上，早期的国内学者主要通过案例分析以及文献分析对我国工业遗产保护策略进行研究。刘伯英和李匡在《北京工业建筑遗产保护与再利用体系研究》中通过对北京工业遗产资源的合理分析，提出保护和再利用的原则与方法，并结合城市复兴对工业企业搬迁的拆除和生态修复内容，系统性地展开体系研究。阙维民在《国际工业遗产保护与管理》一书中对国际工业遗产研究的文献进行概述。张松在《上海黄浦江两岸再开发地区的工业遗产保护与再生》一书中提出了将工业遗产打造为滨江文化景观的设计策略。刘伯英在《城市工业用地更新与工业遗产保护》一书中借鉴国外遗产保护、城市更新、棕地治理的理论与实践，加快了对工业资源认识的转变，准确认定遗产的价值，提出工业遗产保护与工业用地更新紧密联系，力图建立城市工业用地的战略体系和实施机制。王建国等人在《后工业时代产业建筑遗产保护更新》一书中系统梳理、剖析、归纳国际上工业历史建筑与地段保护和改造再利用的经验与趋势，厘清工业建筑遗产保护和再利用的意义与价值；提出工业建筑的价值评定和影响因子；试图形成工业类历史建筑和地段保护的理论及方法体系框架。对于辽宁省工业遗产保护再利用的学术研究主要是哈静等在《沈阳经济区工业遗产空间格局》中从遗产区域角度研究辽宁省沈阳经济区工业遗产空间格局，建立空间数据库和综合价值评价体系，运用地理信息系统（GIS）空间分析技术得到工业遗产空间格局的适宜性分布；韩福文和王芳重点对辽宁省工业城市加以研究，在工业历史、工业城市、工业产业和工业资源等方面展开，试图在工业遗产保护再利用基础上建立以工业特色文化为主的辽宁工业城市性格；何军在对辽宁沿海经济带主要工业城市所包含的大量工业遗产现状、机遇与挑战、保护规划分析的基础上，整理提出协同创新的保护再利用框架机制，即政府、区域、廊道、工业聚集区协同发展；鹿磊、韩福文在工业遗产利用方面提出大连利用城市优势，以工业遗产资源为依托，开展多样化的工业旅游模式。

除了上述文献对工业遗产的论述，国家层面的主管部门开始对工业遗产逐渐加大管理力度，工业和信息化部成立工业文化中心，对工业遗产和工业文明的建构进行宏观指导与规划。成规模的工业遗产保护再利用案例在城市更新的过程中大量涌现。首先，城市工业布局调整必然涉及城市中心区内的工业企业搬迁改造开发研究，这类项目多为地方政府主导，国有企业在整个保护再利用的过程中起决定性作用，适当吸收民间资本和管理力量积极参与，最终实现工业遗产的综合开发利用，如北京首钢、北京焦化厂（北京东部工业遗址文化园区）等；其次是城市创意阶层的崛起，充分发掘工业遗产建筑的再利用价值，对空间高大、结构清晰、风格各异的工业建筑改造再利用的设计实践，在对遗产建筑尊重的基础上加入当代文化内容，形成独有的文化空间，如北京798艺术区、南通一八九五创意产业园区、上海杨浦滨江创意带；最后，针对工业遗产保护历史街区的保护性规划和单个建筑遗产的个体研究，重点关注经济转型、社区弥合、城市复兴等规划问题及相关建筑保护和空间利用问题，如沈阳铁西区、南京创意东八区等。

从总体上来看，我国的工业遗产保护与再利用理论研究和实践工作还处于探索阶段，一些核心关键问题尚未得到有效的解决。

首先是工业遗产的研究者对工业技术和世界科技发展不熟悉，工业遗产的历史信息不清晰、社会背景模糊、工业技术独创性问题制约着研究者很难找到能够评价工业遗产价值的科学依据，导致遗产价值评价体系模糊。其次是缺乏从宏观视角来研究工业遗产保护与再利用，尤其是以世界遗产视角及在工业发展研究的基础上对城市群工业发展历史的综合论述。个案的研究者很难突破空间区域的界限和学科的藩篱，全域工业遗产的价值定位缺失，对工业遗产进行更大范围的整体研究和规划，由于政策和体制限制很难开展。最后是对我国工业遗产的保护再利用方式研究不足，造成保护设计实践中谨慎过度的文物化保护和随心所欲的颠覆性更新倾向。

辽宁省作为我国重要的老工业基地，在工业遗产保护理论研究和实践方面都进行了有益的尝试，虽然完成了中国工业博物馆、阜新国家矿山公园等一系列工业遗产个案的保护实践，但整体保护意识并不到位，缺乏从更宏观、多层级视角对辽宁省工业城市的工业遗产进行专题研究，工业遗产保护规划和相关城市设计的展开缺乏理论指导和政策依据，设计实践的整体性思考欠缺。

2.5.4　国内关于城市复兴的研究动态

我国的城市复兴理论研究起步比欧洲和美国晚，我国是在 20 世纪 80 年代后期由于社会经济快速发展，在城市社会经济发展的压力下才开始进行系统有效的城市复兴研究的。综观国内学者对城市复兴的理论研究，主要集中在西方城市复兴理论的整理与介绍以及工业化城市持续发展问题。

在国外城市复兴理论经验借鉴层面，李艳玲通过对美国早期城市复兴运动的系统研究和剖析，指出在城市复兴运动过程中出现的各种矛盾和问题，提出城市复兴的设计策略和可持续发展策略。陈则民、杨继瑞聚焦现阶段我国城市复兴过程中亟待解决的社会问题，在国内外相关案例的分析基础上，明确我国现阶段的工业发展状态和评价，取得工业城市复兴的后发优势。阳建强分析和研究了西方城市复兴运动的发展脉络和政策演变，指出我国的城市复兴目标应建立在城市整体功能结构调整和综合协调的基础上，要由传统的单一形体规划走向整体、综合性系统规划，城市复兴的工作程序应转向更加稳妥和更为谨慎的渐进式复兴策略。

在城市复兴理论探索发展层面，吴良镛提出了有机更新理论，认为城市如系统发展的生命体，构成城市的各项元素之间联系紧密，必须充分考虑城市发展的历史文脉、现实状态、未来远景之间的关系，尊重城市发展的客观规律，以实现在维护城市整体文明进步的前提下的有机更新。吴晨在《城市复兴中的城市设计》一文中介绍了英国城市复兴理论，其主要内容如下。①国家的政府部门有必要将现有的与建筑及城市设计相关的政策进行整合，使之加强并确立国家城市设计框架。②国家城市设计框架的建立应最少具有如下专业的参与：建筑、用地规划、交通规划，市政工程、环境科学、生态设计、景观建筑、建筑管理、工程与投资等。③对城市设计主要要素，从土地利用规划到公共基金使用导则进行广泛宣传，并引入最佳设计实践导则。④对不同区域与模式的城市设计复兴项目，尝试使用以城市设计为先导的综合发展计划。⑤在一定的时间内建立国家级的网络性地区建筑中心，以提升规划、设计在市民中的影响与关注。

卢济威在《论城市设计整合机制》一文中分析了工业时代由于城市建设学科专业分

科化，带来城市系统中要素的分离需要整合，从而提出城市要素三维形态整合的城市设计机制，然后研究整合机制的层次，整合机制的运作和整合机制下的城市设计内容。许东风在《重庆工业遗产保护与城市振兴》一书中主要研究了工业城市重庆，建立从整体到局部递进式的评价方法，并提出工业遗产整体性保护对工业城市振兴转型的观点，具有一定的理论深度和可实施性。王林指出文化是贯穿城市复兴的核心，而旧城复兴中的遗产保护和生态保护都体现了对历史文化的尊重。城市复兴需要走保护和发展相结合的道路，保护并不是否定文化和商业。

综上所述，虽然针对城市复兴的论文多有发表，但对于区域工业遗产的论述相对较少，只局限于具体案例的研究，应用实践比较单一和简单，主要集中在城市设计层面上。实际上如何进一步拓展工业遗产保护再利用助力城市复兴的研究应给予更多关注。

2.6 工业遗产保护再利用与城市复兴

当今的城市问题日趋复杂，必须用具有多层次、多视角、融合与合作的观点进行解决。城市复兴是引导衰退的城市寻求继续发展的综合策略，它涉及政治层面、经济层面、社会层面等多方面要素。工业遗产保护再利用是这项综合策略中的一项重要组成部分，它从遗产保护、规划建筑、设计学科出发，结合经济、社会、文化等多方面的因素，在城市环境优化、功能组织和要素整合等方面进行研究设计。

辽宁省作为工业大省，是我国最为重要的老工业基地，也是我国近代开埠最早的省份之一，是我国工业崛起的摇篮，被誉为"共和国长子""东方鲁尔"。辽宁省不同历史阶段工业文明的繁荣推动了辽宁省整个经济、社会、文化的高速发展，同时也提升了辽宁省在东北地区乃至整个国家中的地位。应该说，辽宁省所取得的工业成就在过去是辉煌的，取得了我国工业历史上的若干个第一，现阶段正是辽宁省产业结构调整和经济转型的关键时期，作为我国工业文明物质载体的工业遗产应该得到更好的保护再利用。

辽宁省工业遗产在20世纪城市化快速发展的过程中损失严重，处境堪忧，具有典型文化意义、技术价值的工业遗产遭到破坏，城市风貌特征识别性模糊。究其主要原因是当时城市相关管理开发建设部门和设计单位没有完全认识到工业文明在城市发展过程中的重要作用，在思想观念上甚至把工业遗产视为污染和技术落后的象征，认为基本上没有保护的必要和利用的价值。在经济先行的指导思想引领下，老旧工业区成为最先被改造的对象，总体城市风貌和工业文明的物质载体的历史性缺失现象已然大量出现。

概括来讲，城市复兴是整体性和战略性的宏观规划，可以理解为城市建设、生态修复、产业调整、文化传承与创新、社会转型等综合的战略体系；而工业遗产保护再利用则是建立在对工业遗产价值深刻理解基础之上的，既有对过往工业文明的历史性表达，也有对快速工业化带来负面影响的反思。在城市化快速发展和经济转型的背景下将两者有机结合，可以满足城市设计的地域性和城市发展的多样性需求。辽宁省作为工业大省，应在保持其地域性突出的工业文化特征，保证城市发展整体稳定性和一致性前提下实现城市的个性化及多样性。这也是工业遗产保护再利用助力城市复兴的目的和核心所在，在规划和设计的过程中，始终关照辽宁省工业城市的发展脉络和多维特性、工业遗产的价值和城市发展的趋势，并将其有机结合在一起。工业遗产保护再利用涉及工业遗产区域经济、社会、文化等深层次的矛盾，需要我们除了在整体性上把握城市特性外，还要对环境空间、经济结构、文化资源进行系统分析，提出优化综合的设计结果，通过设计使工业遗产获得新生，激发遗产区域的吸引力和城市竞争力。

2.7　本章小结

本章从国内外关于工业遗产的文献、国际宪章论述出发，结合城市复兴实践中工业遗产的影响元素，对工业遗产保护再利用和城市复兴相关概念进行了界定；对工业遗产、工业发展、工业遗产保护再利用、城市复兴四个层面进行了阐述；针对工业遗产的定义、类型、价值进行了详细的分析。

首先，论述了工业遗产的相关概念；对工业遗产的价值构成、评价标准和保护再利用的内容与原则进行了探讨。

其次，对城市复兴理论的形成基础、发展轨迹、概念内涵进行了论述，同时明确城市复兴的实施策略中设计的先导作用，对城市设计给予空间表达，确保城市物质环境空间视觉、社会、功能的最佳可能性和设计品质的提升。

再次，对国内外工业遗产保护再利用研究动态和国内外关于城市复兴的研究动态进行了细致的阐述，明确现阶段研究的主要领域和焦点内容。

最后，明确工业遗产保护再利用与城市复兴之间的关联性和一致性，提出通过工业遗产保护再利用凸显辽宁省地域性突出的工业文化特征，在保证城市发展整体稳定性和一致性的前提下实现工业城市的个性化和多样性需求。

第3章

城市复兴背景下国外
工业遗产保护再利用实践

3.1 德国工业遗产保护再利用实践

德国工业遗产保护再利用是在国家整体性规划和复兴策略的共同作用下完成的，整体性的设计策略形成了战略规划工具，并广泛应用于如鲁尔区等各个遗产区域。德国鲁尔区作为工业遗产保护再利用的成功典范被世界各国竞相效仿，其工业城市集群的整体复兴和城市工业企业的成功转型也为我国针对工业遗产这一特殊的遗产类型建立合理有效的保护再利用模式提供了可以借鉴的案例。

德国鲁尔河区域作为德国乃至整个欧洲最大的重工业区，在德国工业发展历史中占有十分重要的位置，主要产业包括煤炭和钢铁生产。鲁尔区自身区位优势明显，具有便利的交通运输条件，河道交通和公路、铁路网四通八达。在工业化初期那个机器征服一切的年代，城市伴随着工矿企业迅速形成，一切都围绕着工业建设展开，合理科学的城市规划和建设也就无从谈起。

随着后工业时代的到来，信息时代开始替代工业时代，城市成为经济全球化网络当中重要的一环，信息社会和经济全球化竞争导致后工业时代的城市也丧失了旧有的功能，如制造业和加工业等传统工业持续衰落，鲁尔区这些在制造业基础上发展起来的城市出现了不同程度的结构性危机，一些曾经无比强盛的传统工业中心逐渐解体。针对这种状况，鲁尔区政府采取了区别于英国、美国以城市为单位的复兴模式，采取以区域为单位的整体区域经济结构的转变和地区复兴。在鲁尔区的改造再生计划中，一些具有特殊历史和工业考古意义的工业建筑与生产设施被完整地保护起来进行展示，如埃森关税联盟12号矿井和炼焦厂在2001年12月被联合国教科文组织列为世界文化遗产（图3.1）。鲁尔工业区的整治改造在政府部门的强势主导下进行，前期的宗地修复和产业配套政策是帮助整体城市复兴的积极条件，工业遗产的保护与再利用在地区文化保存、彰显其各个历史时期的工业历史文化特征以及通过代表性的建（构）筑物塑造独特城市工业文化景观特色过程中发挥着极为重要的作用。

图 3.1　德国鲁尔区工业设施

3.1.1　鲁尔区工业城市复兴与遗产保护再利用

鲁尔区位于德国西部，是德国最大的工业区，曾是德国钢铁、煤炭、机械制造的生产中心，丰富的煤炭资源为鲁尔其他工业部门的发展提供了基础条件；同时距离铁矿区很近，钢铁工业成为鲁尔区的主导产业；充沛的水源与煤炭资源的结合，促进了化工业的快速发展；便捷的水运和公路、铁路交通紧密连接鲁尔区与德国和欧洲各地。

20 世纪中期，由于石油和钢铁行业的全球性竞争加剧，鲁尔区的重工业结构体系出现了危机，大量厂矿被废弃和空置，城市失业率持续上升，经济也严重衰退，社会问题频发。艾森煤矿、克虏伯钢铁厂、蒂森钢铁厂作为德国鲁尔河地区工业时代无比荣耀的代表性企业也被迫关闭，800 多平方千米区域面积的发展和重生问题摆在鲁尔区和德国最高规划机构的面前。鲁尔行政管理机构展开了全区域的物质环境空间整治和全面复兴，改变单一的重工业产业结构，区域经济向多元化和综合化协同方向发展，逐步形成新老产业优势互补、科技创新明显的持续发展态势。

从目前掌握的资料来看，早期鲁尔工业发展规划缺失，城市建设、环境治理等方面都存在顾此失彼的盲目性，《鲁尔镇总体发展规划》将全区域的建设和发展与工业区的转型结合起来，提出全面、协调稳定的战略设想，鲁尔区成功转型的标志性事件是学术界普遍认可的埃姆歇园国际建筑展览（简称 IBA）。整个国际建筑展针对鲁尔工业结构衰落区域的经济复苏；废弃物污染严重地区的生态修复；失业人口激增导致社会问题突出，解决就业问题；城市工厂化特征与环境宜居的现代都市的矛盾等方面进行多学科领域交叉研究，提出了包含经济、社会、文化、生态、环境等整体可行的策略与办法。

鲁尔区工业遗产保护再利用和城市复兴是紧密结合的，早在 20 世纪 60 年代，德国在国家层面上就开始积极开展鲁尔区经济结构的转型工作，在老旧煤矿的关停和钢铁产业的设备升级及技术改造的同时，针对传统的煤炭行业给予了政策上的倾斜，如税收减免、行业补贴、生态修复资助、技术研发补助等一系列激励性措施；在发展区域核心产业方面加强了如化工、汽车、服务业、新兴产业的发展力度；充分利用工业遗产，大力发展工业旅游。鲁尔区经济结构的多元化得益于其交通、劳动力市场和巨大的消费市场以及良好的投资环境，新兴工业中的信息产业、生物技术等高新技术企业的大量涌现和快速发展成为鲁尔区持续发展的增长点。

通过案例分析，可以看出鲁尔工业区保护再利用工业遗产是整体性的，把有限的工业遗产资源作为区别于其他区域的稀有文化资源看待，形成一套整体性的保护再利用方法。鲁尔区的工业遗产建筑和设施具备了文化遗产的稀缺性、代表性、完整性特征，通过世界文化遗产的申报；工业主题博物馆的建设；工业文化景观公园的规划；工厂旧址改造的商业综合体，由局部利用到整体复兴形成了连接全区旅游景点的工业文化之路，这同样也是一条技术展示之路。相比较其他国家，鲁尔区的设计实践所包含的尺度明显增大，鲁尔区的许多城市由原来的单一职能向综合性职能转变，大企业的入住带动了城市规模的发展，提升了城市的能级，鲁尔城市聚集区也成为国际上主要的大城市聚集区之一。可见，工业遗产的保护与再利用成为城市文化繁荣重要的推手。

3.1.2 借鉴意义与启示

德国工业的产业布局模式是以区域性集中为主，因此，德国工业遗产保护再利用和城市复兴只能寻求整体的思路。鲁尔区的传统工业企业在经济全球化和新兴工业高速发展的双重压力影响下逐渐走向衰退，国际上有着重要影响力的企业停产关闭，大量具有重要历史价值、科学技术价值、社会价值、文化价值的工业遗产、设施都作为城市复兴的一部分得以保护再利用。

鲁尔区的城市复兴采用了五个方面的策略：第一，在物质环境方面加强整体性规划，调整工业企业的合理布局，借助国际建筑展打造样板项目，发展工业遗产旅游，最终实现经济复兴和社会复兴；第二，在经济复兴方面调整传统产业结构，有选择地退出和改造传统工业，同时发展核心产业并吸引新型企业；第三，在文化复兴方面积极申报世界文化遗产，利用原有工业遗存建设大量主题博物馆、工业主题公园、购物中心和现代科技产业园开展工业遗产旅游；第四，在生态复兴方面颁布生态保护条例，并对土壤污染处理采取严格措施，注重自然环境与人、社会文化的协调共生；第五，在社会复兴方面对现有产业进行合理引导，对传统产业实施关、停、并、转一系列调整，并发挥鲁尔区自身科技优势，加强科技界与经济界的合作，高等院校产学研和科技成果转化也得以加快，企业之间的相互协作使得区域内部资源优势得到充分发挥。

严格来讲，鲁尔区的复兴规划从一开始就关注战略性问题，通过战略性的规划为具体规划设计和遗产保护再利用提供宏观层面的导向，地方政府和机构将战略性概念规划的内容进行分解，最终在具体的项目实施上进行落实。尤其值得注意的是，工业遗产战略发展规划通过设计竞赛和设计导则的形式演化成一系列具体目标，保证城市复兴相关设计的灵活性与原则性，最终保证实现其整体性的发展，对辽宁省工业城市群复兴规划有着很好的借鉴价值。

3.2 美国工业遗产保护再利用实践

美国在城市工业遗产保护再利用和城市复兴的实践方面成功案例非常多,如底特律汽车城、巴尔的摩内港、洛厄尔国家公园、纽约苏荷区等。美国的案例让我们更加关注工业遗产价值共享和创意文化产业方面的设计实践。林肯土地政策研究院与俄亥俄州政策研究中心合作出版的 2017 年的报告指出,从印第安纳州的加里到马萨诸塞州的洛厄尔,美国的一些空间尺度较小的后工业城市正在调整发展策略,建设中心城区,发挥独特地域优势,取得了很好的效果。

3.2.1 洛厄尔国家历史公园的实践

洛厄尔位于美国马萨诸塞州,纺织工业是其在 19 世纪的支柱产业,作为美国工业革命的发祥地,洛厄尔工业成就达到顶峰的时候就像今天的硅谷一样繁华。随着产业结构调整和劳动力资源的压力,美国纺织产业向南部转移,对以工业经济为支柱的地区打击是巨大的,洛厄尔的经济发展处于停滞和衰退的低谷状态,城市人口急剧下降,洛厄尔成为陷入梦魇的工业废墟城市。

洛厄尔作为美国历史上第一个为制造业规划的城市,运河、动力设施与产业建筑共同构成了工业景观,见证了工业社会的崛起和演变。20 世纪 70 年代,洛厄尔的工业遗产保护面临多方面的挑战。首先,城市传统工业持续衰败,整体经济受到严重打击,城市工人失业率持续处于高位,对新兴产业吸引力匮乏;其次,工业遗产被看成城市发展过程中的沉重包袱,社会问题严重,失去经济刺激而活力丧失的多元社区,市民对城市未来充满了失望;最后,庞大的工业建筑被空置,工业排放使运河水道水质污染严重,工业遗产保护状况堪忧。

面对城市困局,洛厄尔展开了区域范围内全面的整治和复兴,尝试以工业遗产价值的共享机制推动工业遗产保护,建立城市规划和工业遗产保护具体设计之间的桥梁,强调建成环境本身的空间而不再局限于工业遗产建筑,实现良好的物质空间环境和场所的创新能力的汇聚,重构城市文脉、复兴城市中心区,实现工业遗产的再利用带动城市经济和社会的持续发展。洛厄尔作为国家公园,首先,对工业和城市遗产进行不同价值的评估;其次,是加强遗产利益相关方的合作,在遗产管理模式上突破传统的观念与手段,实现多元价值的合理表达;最后,以社区共享为切入点,以互动性的保护再利用理念促进社会复兴。

张琪在论文中提出美国洛厄尔价值共享机制的工业遗产具有多维化的要素构成,工业遗产价值与不同受众关联复杂,工业遗产空间可再利用程度高,工业遗产时空经验与当代联系密切等特点。价值共享机制的关键在于四个方面:一是政策管理机制,强调以立法与规章确立价值共享的多元合作框架,明确各方权责,保障资金投入和保护再利用举措依法合规、有序安排；二是要素识别机制，强调整体化识别，系统梳理物质及非物质遗产，体现多维信息来源和丰富要素构成；三是价值阐释机制，强调针对工业遗产与受众的继承性、相似性、兴趣性等联系，以真实性、完整性、包容性及启发性的原则强化认同，激发保护参与；四是互动参与机制，强调通过空间的共享利用、活动的共同参与强化工业遗产与当地社区以及其他受众的联系，以工业遗产实践带动社会弥合和经济复兴。

在工业遗产资源价值评定中实行整体性识别系统，从技术、经济、社会、景观等因素开始考察，以多元的工业遗产要素、大量的工业遗产信息、多层级的空间主题、多角度的工业遗产展示，在有序和协调的状态下构建工业遗产保护再利用大系统。通过设计解决当前与历史文脉的联系，物质环境质量提升与生态健康恢复之间的矛盾，对变化的适应性等问题。

物质空间遗产保护在宏观层面将动力运河这一线性产业格局加以明确，终止运河填埋的简单处理，方案通过运河的生态修复，实现高质量的环境设计展示水道自身价值和再生循环技术，构建运河遗产文化廊道，使其成为城市综合性文化景观的主体。在中观层面，将沿运河工业区域的城镇、工业生产、社区生活、商贸、文化集合予以整体保护，生产生活一体化布局的连续性、多样化风貌特征予以呈现。在微观层面，将历史建筑和运河设施元素加以修缮，包括河道、堤坝、桥梁、船闸和发电设施等作为纪念性构筑物加以强化，如图3.2所示。洛厄尔的复兴过程中始终强调好的设计在城市复兴中的驱动作用，激发区域发展的活力，确保设计的环境问题能够被最大限度地识别，包括背景分析、发展机遇、实施手段及最终的设计机会，评估其设计课题的目标原则和方案，进行深入的概念推导和设计导则的编制。

图3.2　洛厄尔工业遗产

洛厄尔工业遗产在全方位展示历史的同时还与当代科技的发展产生关联。布特棉纺厂博物馆通过交互设计手段，将纺织工业鼎盛时期的场景进行情景化再现，工人宿舍等历史空间的展览陈列帮助参观者获得完整的工业遗产信息。科技创新性主题在机械、水利、纺织方面展示了大量最新科技成果。工业遗产的保护再利用刺激了洛厄尔经济的快速发展，旅游人口的激增带动交通运输、餐饮、住宿等服务业的完善，提升了城市中心区的活力。

洛厄尔国家公园最终完成了既定的设计计划目标，提高区域的宜居性，合理控制密度和安全性；通过设计巩固地方遗产和反映场所精神的整个内核，利用设计与美学主题、科技主题、多元文化主题相结合取得了相当的效果；振兴了当地经济的同时，提升了区域的吸引力和持续的城市活力。

3.2.2　纽约苏荷区的文化创意产业

纽约苏荷区位于美国的曼哈顿岛，从城市废弃的地下工厂到最知名的创意文化园区，自发的工业遗产保护再利用和创意文化的介入激发城市建构创意资本的能量。纽约特有的城市魅力和自身的综合实力吸引着全世界的艺术人才，开放多元的城市文化也为工业遗产的保护再利用提供了多样的可能，苏荷区的成功使我们更加关注工业遗产改造模式中创意文化的价值。

从根本上来讲，苏荷区吸引艺术家的最初原因是废弃工厂租金极其低廉，加之厂房空间高大宽敞的空间属性和使用上的多变性，逐步发展成为艺术家聚集区。随着进驻艺术家的创意表达，自由、宽容、多元的生活方式为园区发展提供了持续发展的动能，造就了当今世界上极具时尚、先锋个性的创意产业园区。

苏荷区在过去几个世纪中功能的变迁似乎是从起点到终点，又回到起点。纵观苏荷区的历史，我们发现城市职能改变的每一个关键阶段："去工业化""城市更新化""士绅化"都与苏荷区息息相关。在这些阶段中，"士绅化"则与苏荷区的兴衰有直接联系。"士绅化"是英国学者露丝·格拉斯于 1964 年研究伦敦城市城区变迁时提出的概念。根据她的理论，由于城市的扩张，中产阶级逐步进驻原本破败的劳工阶层街区居住，在此过程中，基础配套设施改善，居住环境得到提升。但是由于地价、房租上涨，原来的低收入劳工阶层不得不搬出，逐渐被中、高收入的阶层代替。之后的社会学学者将"士绅化"的过程总结为三个阶段。第一阶段，一些在社会文化中具有先锋性的人物，例如艺术家、诗人、摇滚乐手等"拓荒者"首先开始在租价低廉的街区聚居。这些人士进驻后逐渐给这一区域带来了文化艺术或者另类气息。第二阶段，在此基础之上，收入稍高的中产阶级"冒险家"开始关注这一街区。他们为这里独特的文化氛围、便利的交通等因素吸引，开始在这里居住或者工作。第三阶段，在大众媒体的报道、政府文化政策支持等综合因素作用下，这一街区的知名度进一步提升，进而吸引了金融资本与房地产开发商的注意。当这一地区彻底被改造为高档住宅与商业区之后，富裕人士迁入，原住民与最初的"开拓者"和"冒险家"迁出。苏荷区在纽约"士绅化"的过程中转变为艺术区的过程，恰好与这一过程吻合，同时体现出艺术生态系统演变的特色，如图 3.3 所示。

纽约市政府与规划、立法部门发挥政策、法规的有效作用，积极鼓励市民和艺术家群体参与，对苏荷区的整体风貌进行控制，进行适当的修缮，注重保护历史建筑和城市的文化氛围，提倡历史文脉与时尚流行相结合，形成政府、企业、创意人员的共同介入保持城市历史中心的振兴。在该政策的指导下，创意阶层成功地设计改造了苏荷区。

图 3.3　苏荷区街景风貌

3.2.3　借鉴意义与启示

美国工业遗产保护再利用和城市复兴实践更多侧重于经济复兴基础上的社会复兴，政府部门制定整体保护规划，鼓励和帮助相关部门对工业遗产进行梳理，合理利用腾空的工业厂房。大部分工业遗产位于城市中心区，改造利用和工业遗产的再设计在延续工业遗产价值的同时刺激城市中心区的持续吸引力增长。利用工业城市原有的优势条件，发展重点产业和新兴产业。因为传统工业衰败的教训表明，不发展朝阳产业，就不会有持久的繁荣。

洛厄尔国家公园工业遗产采取整体性的保护机制和情境交互构成能够解决主题缺失的弊端，调动政府、工业企业运营方、遗产学术机构、城市居民的力量，完善有价值观、归属感的社会环境。整体化的保护思想在原真性表达的同时加强对当代受众的关注，使工业遗产资源突破限制并发挥其潜力，使其能够得到个性化和立体化的设计表达，同时通过现代设计的解读方式，使置身其中的人群能够感受到工业遗产的前世今生，大大提高不同类型人群的参与性，对于辽宁省工业遗产城市整体性保护再利用提供了可供参考和极具操作性的案例。

苏荷区作为工业遗产成功转型为创意产业聚集区的典型，让我们看到了创意文化和当代设计在城市复兴过程所迸发的巨大力量，也是城市多样化发展的动力所在，辽宁省中心城市（沈阳、大连等）的工业遗产可以根据其区位和建（构）筑物的空间类型采用混合式创意园区发展模式，形成更加开放、时尚、共享城市文化空间。通过创意阶层与工业遗产的混合、共同参与的保护再利用，调动不同阶层的积极性，使工业遗产化身为创意公园，成为名副其实的公众领地。

3.3　英国工业遗产保护再利用实践

20 世纪 60 年代英国城市面临工业和经济发展转型，以制造工业为主的内陆城市和以工业运输为主的港口城市遭遇前所未有的危机。随着城市更新进程的加快，近几十年来英国不断进行经验积累，造就了一批成功的特色地区，给旧工业城市带来了新活力和塑造了新城市性格，用创意改造旧的工业遗产形成新的产业已被多个城市实践，英国利物浦阿尔伯特码头就是一个具有世界影响力的成功典范。

3.3.1　利物浦阿尔伯特码头的复兴

利物浦位于英格兰西北部著名的深水港，是梅尔西河沿岸的重要港口城市。滨水区是利物浦城市复兴的主体区域，随着利物浦市政府对市内发展规划的支持与投资，复兴范围主要集中在梅尔西河西岸，城市中心区域改建为旅游商业区，成为英国工业遗产改造的典范之作。利物浦滨水区复兴的整个历程大致分为三个阶段：第一和第二阶段较多侧重于文化及旅游带动，资金来源多以政府投资或政府牵头的多方投资为主；第三阶段则开始强化纯粹的商务与住宅开发，以私人企业投资为主。迄今 40 多年的时间跨度内共完成六个主体项目，总占地面积超过数百万平方米。

第一阶段主要是自上而下的滨水区物质环境改造（1980～1997 年）。19 世纪是利物浦的黄金时期，工程师杰西·哈特利设计建造了当时世界上最坚固的阿尔伯特码头，是利物浦最重要的城市地标之一，也是世界上第一个防火码头。20 世纪后半叶利物浦的经济严重下滑，工业企业关闭或搬离，曾经繁忙的码头因不断衰落于 1972 年关闭。第二次世界大战期间，阿尔伯特码头曾遭到猛烈轰炸，英国历史遗产协会于 1952 年将其列入一级保护名录。1983 年成立阿尔伯特码头公司启动复兴工作，并围绕码头的历史遗产地位展开一系列改造与新建项目。

首先，复兴工作改善了码头区的物质环境，对破败的码头进行系统修复，完善道路并重新建立与市中心的联系。阿尔伯特码头工业区的工业建筑被注入新的内容，经过将船坞群和仓库区整体保护下来进行功能拓展复合开发，并融入更多的文化元素，市政府陆续引入或建设了默西塞德海事博物馆、泰特美术馆、披头士博物馆等，如图 3.4 所示。这些博物馆项目的设计完成，一方面继续完善码头的物质环境形象；另一方面将"文化旅游"引入场地，成为对外吸引点。整个复兴计划于 2003 年结束，投资超过数千万英镑，码头上各家博物馆每年吸引游客 200 万人次，复兴计划取得了经济和社会效益的双重回报。

图 3.4　阿尔伯特码头工业区

其次,通过城市竞争推动滨水区形象打造(1997～2012年),1997年工党政府上台后着力提升城市地位,鼓励城市竞争。城市的物质环境建设转向城市形象和品牌打造。利物浦迅速回应这一浪潮,于1999年成立了复兴机构"利物浦愿景",并于2002年颁布了"复兴策略框架",提出之后复兴工作的两项重点内容:一是保护城市历史遗迹,二是打造城市形象和品牌。利物浦城市建设取得了两项较为显著的成就。第一项是市内部分区域在2004年被纳入《世界遗产名录》(World Horitage Site,WHS)。WHS设定了保护区域,共包含六个特征地块,主要沿滨水岸线展开;外围缓冲区域包含大部分城市中心区;WHS还对不同地段新建建筑高度做出了规定。第二项成就是利物浦获得了2008年"欧洲文化之都"的称号。这一奖项旨在促进通过节庆活动,对外联结欧洲文化,对内促进城市复兴。利物浦政府将活动举办与滨水区物质环境更新相结合,显著提升了城市品牌,滨水区成为利物浦新的核心地带。

最后,2009年利物浦地方政府通过了《利物浦海港贸易城市世界遗产保护规划》,作为地方发展框架补充规划文件的一个部分。该保护规划针对世界遗产保护区和外围的缓冲区进行分区保护,并通过设计导则,保护当地建筑多样性、特殊的城镇风貌和历史特色、街区的历史肌理等各方面,提高遗产价值。利物浦市议会强调良好的联系城市毗邻地区的重要性,总体规划力图保留城市的紧凑性。设计一开始便把所有的视廊规划作为总体规划当中一个不可分割的重要部分,这也是为了能让城市空间获得尽可能多的丰富性和高品质空间,为与周边重要建筑之间视线交流的城市体验提供了可能。

3.3.2 借鉴意义与启示

英国城市滨水公共空间复兴将表达城市公共空间意象作为空间实践的主要目的。利物浦城市滨水公共空间作为生产空间向市民空间转换的过程中成为公众领地,原有的工业建筑和生产设施成为曾经生活的物质载体,文化的感召力和空间的凝聚力十分强烈。首先,降低空间准入标准可以加强城市滨水公共空间的开放性与可达性,体现社会公平与公正;其次,城市滨水公共空间中的一些重要的公共建筑也传达出加强空间公共性的设计理念;最后,在英国城市滨水公共空间案例中,创建共享的开放融合氛围是十分重要的一个方面。辽宁省大量滨水城市公共空间的历史性特征如何保留和对待,对于环境的可持续认知十分关键,阿尔伯特码头公共空间为市民的积极参与提供了范例,也使得工业遗产能够满足不同城市活动的需要,从而保证区域整体性的复兴。

3.4 日本工业遗产保护再利用实践

3.4.1 政府的责任与社会力量的介入

日本近代工业化的进程是在明治维新之后开启的,在100多年的工业快速发展过程中留下很多优秀的工业遗产,近几十年以来,曾经带给日本国民辉煌记忆的工业遗产的保护工作受到日本政府、社会公众的高度重视。日本的工业遗产保护工作成绩斐然,21

世纪初，战国晚期、江户前期日本最大的银矿——岛根县石见银山、群马县富冈制丝厂（图 3.5），以及近代绢丝产业遗迹群、明治产业革命遗址群均成功申请世界遗产。这些成绩表明日本在工业遗产的保护再利用方面有自己独到的方法。

图 3.5　群马县富冈制丝厂

日本学者对于工业技术关注的传统由来已久，尤其是对过往技术的记录与整理，逐渐延伸到工业遗产保护层面。一方面，专业的技术史研究者把产业历史变迁过程中的遗产情况和曾经领先的技术细致地记录下来，并加以研究；另一方面，民间学者也把自己钟爱的行业技艺的相关信息加以整理和搜集。20 世纪 70 年代末，专业的技术史学者和民间产业爱好者共同成立日本产业考古学会，学会期刊《产业考古学》也同期创办。学会的成员围绕工业遗产展开了大量工作，为工业遗产信息的搜集和积累发挥了重要的作用。

随着传统工业竞争力减退和经济全球化的影响，日本的工业企业也陷入减产、关停的境地，企业所有者需要寻求新的用途，政府力图获得新的发展契机。如何发现和保护工业遗产以及如何合理地利用工业遗产的多元价值，将厂房、设备视为凝结了工业历史人文的一种景观和环境表达，这些"被遗弃的伤疤"便可以在多元文化价值社会中获得新生，成为日本城市复兴的重要组成部分。

20 世纪 90 年代末期，针对城市复兴和文化遗产保护之间的矛盾关系，日本文化厅颁布了相关白皮书，同时从 1990 年开始了历时 10 年的遗产梳理工作，日本文化厅主持了日本近代化工业遗产的综合调查，对有价值的工业遗产登记造册，尤其是对日本近代经济社会发展有着重大意义的工业遗产，日本文化厅所定义的这些工业遗产主要指日本近代工业革命之后的工业遗产。2007 年开始，经济产业省下属的工业遗产活用委员会开展近代化工业遗产的认定工作，这是一次专门针对工业遗产历史、价值等系统性研究及充分的现状调查，为后期的工业遗产保护再利用工作奠定了坚实的基础。

3.4.2　群马县富冈制丝厂世界遗产

1872 年，标志着日本工业革命发端的群马县富冈制丝厂设立，制丝厂建厂之初就引进先进的法国技术，之后又经过多次技术改造，取得的成果推动了日本国内养蚕、制丝、纺织加工业的高速发展，帮助日本快速成为当时全球最大的生丝出口国。第二次世界大战以后，自动化生丝生产取得了巨大成功，日本的先进自动化机械和技术开始向全世界输出，为全球生丝和纺织产业做出了巨大贡献。

从历史文献上可以得知，在实现技术引进并完成国内技术人员培训后，政府将富冈制丝厂转向民营，先后由三井家、原合名公司接手经营。1938 年，富冈制丝厂独立成立株式会社富冈制丝所，1939 年工厂与当时日本最大的制丝公司片仓制丝纺织株式会社（即现在的片仓工业株式会社）合并，工厂的生产经营活动一直持续至 1987 年。结束生产活动后，建厂之初的建筑与设备被完整地保留下来，也是日本目前唯一保留的明治时期的工业遗产建筑，如图 3.6 所示。

图 3.6　群马县富冈制丝厂内部设备

片仓工业公司在工厂停止运营后进行了完整的保存，企业经营者为了这一举措付出了巨大的代价，每年上亿日元的支出成为所属企业的沉重财务负担。静态的保护还是动态开发利用成为决策者必须面对的抉择。地方政府希望富冈制丝厂能够承载社会教育和工业旅游的功能，并在时机成熟时申报世界文化遗产。2005 年，片仓工业公司将富冈制丝厂的建筑遗产部分无偿捐赠给地方政府，土地则采取有偿转卖的方式，片仓工业公司完成了工厂遗产完整保全的历史性交接，政府成为推动富冈制丝厂保护再利用的责任主体。富冈制丝厂的产权顺利让渡给地方政府，本质上是顺应社会发展需要，对既存的历史文化资源进行有效配置，同时富冈制丝厂的工业遗产开发任务由政府主导，也能够处理复杂多元保护过程中的经济和社会问题。对于企业而言，维护工业遗产所产生的费用开支被节省，企业可以专心完成自身的产业结构调整和技术升级。

在新的历史时期，工业遗产原有的生产功能逐渐丧失，其自身使用价值转换为历史文化和技术、社会价值，加大了对工业旅游、工业博物馆的社会功能发掘，日本工业遗产的再利用围绕技术展示、研究教育、快乐体验空间三个主要功能展开，日本政府扮演推动者的角色，行业协会和学术团体对遗产的深入解读，同样放大了工业遗产的公共价值。

3.4.3　借鉴意义与启示

日本的近代工业遗产保护与再利用的实践证实，政府和企业从区域的振兴与发展规划入手，注重政府的主导者角色，协同各方面的资源，能够使得工业遗产的保护再利用真正成为激发区域活力的重要力量。在保护再利用的具体层面中，由政府主导和协调各方社会力量，扩大工业遗产社会价值的散播范围，令相关人士各取所需、利益均沾。日本的经验告诉我们，辽宁省工业遗产再利用既要以工业遗产文化资源为主要载体，又要将遗产与地区居民生活的关系、遗产的文化价值和技术魅力传达给城市居民及青少年，使工业遗产真正能够成为提升地区环境及其魅力的地标性节点；同时在申报世界文化遗产的工作方面，更是应该采取整体系统的策略看待工业遗产保护问题。

3.5　本章小结

本章从国际上典型城市的成功案例和正在进行的复兴计实践出发，结合各自的实践背景进行综合分析。

首先，有选择地分析了国际上成功的城市复兴的实践案例，可以发现现阶段世界范围内工业遗产保护再利用已经积累了大量的经验，工业遗产保护再利用与城市复兴进程结合也十分紧密。虽然工业遗产的范围从城市群到工业企业各不相等，但工业遗产保护再利用均需强调生态、社会、文化、物质形态的全面复兴，由此可见，成功的城市复兴是建立在整体性保护和系统性利用的前提下的。

其次，采用案例比较的方式，对德国、美国、英国、日本不同工业遗产和城市复兴案例的特征加以明确，以期达到对辽宁省工业遗产有针对性的参考意义。具体来讲，德国鲁尔区的整体性保护再利用实践对辽宁省沈阳经济区和沿海经济带等工业城市聚集区、资源型城市、资源型城市群复兴具有借鉴意义，值得深入学习与思考；美国苏荷区创意产业结构调整，对沈阳这样的省会城市的工业企业搬迁和产业结构调整，具有很好的借鉴意义；利物浦阿尔伯特滨水工业区的实践，对大连城市中心区工业用地和滨水工业区的复兴具有重要的借鉴意义；美国棕地更新和再开发的实践，对我国工业企业搬迁后被污染场地的处置，如抚顺、阜新露天矿区生态环境的修复具有借鉴意义；日本工业遗产整体性保护再利用与世界遗产申报对辽宁省工业遗产保护再利用工作的开展有着借鉴价值。分析和综合这些国家城市工业遗产保护再利用中的组织模式、复兴策略与城市设计框架，对建构辽宁省工业遗产保护再利用策略奠定了实践基础。

第4章

城市复兴背景下国内
工业遗产保护再利用实践

4.1 工业遗产保护意识的觉醒

溯源来看，工业遗产保护再利用和城市复兴都是舶来品，对于工业遗产保护再利用和城市复兴的研究，只有结合我国工业城市历史发展脉络和城市发展过程中所面临的问题及实际需求展开才有价值。

我国手工业发展繁荣的历时较长，但近代工业发展起步较晚。中国近代历史发展有几个重要的历史阶段：洋务运动的官办企业和官商合营工业时期、民国时期、抗日战争、中华人民共和国后恢复建设时期、"一五""二五"时期、三线建设时期、改革开放等时期，每个历史阶段的工业都有自己鲜明的特征，在不同阶段的不同地域，形成了差异性的产业布局并反映出当时当地的产业指导思想。

2001年首批《国家工业遗产保护名录》提出，同年青海省第一个核武研制基地及大庆第一口油井首批进入国家保护的工业遗产名录。2006年在无锡召开了第一届中国工业遗产保护论坛，在国家层面上提出工业遗产保护，会议期间通过了《无锡建议》。国内学界的专家认为，随着城市化进程加快，城市建设进入高速发展阶段，工业遗产在大拆大建的城市改造和用地更新中急速消失，工业遗产的普查和价值评定工作成为当务之急，需要由政府委托相关单位编制工业遗产专项规划以保护城市的历史特色。

2010年中国城市规划学会在湖北省武汉市举办了以城市工业遗产保护与再利用为主题的学术研讨会，演讲嘉宾的主旨发言围绕城市规划与工业遗产保护再利用的相互关系展开，从单体历史建筑保护转向城市视角的多维保护，并与城市物质环境的更新相结合，提出成立以城市规划、历史文化、行业管理、关心工业遗产的公众共同组成咨询委员会，对遗产的阶段性成果进行评议。同年，中国建筑学会下属的工业建筑遗产学术委员会在北京成立，该组织针对不同的工业遗产专项内容举办了多届工业建筑遗产学术研讨会。

近年来，国内学者一直致力于国外相关理论的引入，不同流派的城市更新、城市复兴以及工业遗产保护的著作、文章相继出版；各大高校和科研学术机构也加强了国际间文化的交流活动，国内学者的专业考察、访学成果突出，引进了前沿的保护理念；国际上有影响力的设计机构参与到国内的设计实践当中，国内的设计能力正是在借鉴和学习的过程中逐渐发展起来的。综观国内工业遗产保护再利用基本情况发现该领域发展过程大致可分为三个阶段。

第一阶段是对于德国遗产保护理论和实践方面的学习，尤其是德国的鲁尔区成为主要关注的焦点，理论方面的热点主要集中于工业遗产的概念、价值构成、保护原则等基本问题，空间的适应性改造是实践方面关注的重点。

第二阶段是对于遗产价值的辨析和争论，工业遗产的内涵与外延还存在一定程度的争议，对产业技术史的研究存在一定的欠缺，对城市复兴的助力作用不是十分明显。

现阶段国内学界对工业遗产的保护再利用和城市复兴的认识不仅仅停留在物质方面的改变，而更多关注的是对产业、技术、城市、历史、文化、社会问题的多重解读，国内的学术组织和专家学者也进行了一系列的调查研究，制定了相应的保护政策，地方城市的工业遗产专项规划开始实施，工业遗产保护再利用导则等行业指导性文件也开始发挥作用。在与西方国家工业遗产保护再利用和城市复兴理念比较之后发现，遗产价值认知和城市复兴实践方面还存在一定的不足，差距主要表现在以下几个方面。

一是虽然国内对工业遗产这一新型文化遗产保护的认识不断加强，工业遗产保护的调研、登记审核工作已经展开，但多学科、多视角协同研究体系尚未建立，工业遗产保护的价值核心到底是什么还在争论中。国内的工业文化遗产保护经历了从单体历史建筑到反映产业特征环境风貌街区乃至工业廊道体系的发展过程，但对于更深更广层面城市和城市群的工业遗产保护却少有涉及。

二是国内学者对于科技史和技术史的研究存在短板及误区，对工业遗产的技术价值评价流于表面，很难在科技史当中找到合适的切入点。在工业遗产再利用方面，对技术价值的展示多采用单纯个体生产设施和装备静态僵化陈列的形式，生产流程的完整性和真实性无法保证，工业遗址的价值呈现效果大打折扣，工业的氛围也就无从谈起。工业遗产所采用的展陈手段落后，加之数字技术和动态展示较少，参与性、体验性和互动性无法与当代需求相适应。

三是对于城市中心区的工业遗产再利用模式同质化严重，再利用的过程中设计者忽视工业遗产所在城市的产业定位、城市文脉、文化背景等因素的影响，直接照抄照搬国际上的成功案例，导致工业遗产再利用的地域特点不是十分清晰，对于工业遗产与城市生活对接环节脱节，最终与城市的发展规划相背离。

四是地方政府在政策制定和管理办法上的滞后，国内工业遗产保护再利用过程中遗产保护的比重过大，限制过死导致工业遗产保护开发更加倾向于商业个案用途，工业的机械特征被商业化严重侵蚀，再利用方面缺少从城市精神和城市性格塑造方面的努力。

4.2　保护再利用的理论与实践探索

　　《无锡建议》发布后的十几年间，我国的工业遗产调查、研究和保护再利用方面取得了较为丰硕的成果，也留下了一些遗憾，但这些探索为后续的深入研究与实践奠定了基础。

　　随着国家层面遗产保护工作的推进，像上海自来水厂（图 4.1）、北京焦化厂、南京金陵制造局（图 4.2）、青岛啤酒厂等一大批近代工业遗产被认定为各级文物保护单位，文物普查范围的扩大对于各地工业遗产保护的及时性和系统性有重大的指导意义，工业遗产成为法规保护的对象。一批城市相继出台了工业遗产保护的地方性法规，公布了工业遗产保护名录，编制了工业遗产保护专项规划。如北京市于 2006 年发布了《北京市促进文化创意产业发展的若干政策》，2007 年出台了《北京利用工业资源发展文化创意产业指导意见》，2009 年颁布了《北京市工业遗产保护和再利用工作导则》；上海市在 2002年编制了《上海市历史文化风貌区和优秀历史建筑保护条例》；2011 年天津市规划部门联合天津大学和天津市城市规划设计研究院编制了《天津市工业遗产保护再利用规划》，2012 年天津市制定了《天津市工业遗产保护再利用管理办法》；2010 年武汉市发布了《关于转型期中国城市工业遗产与保护的武汉建议》，2011 年武汉市规划部门组织编制了《武汉市工业遗产保护再利用规划》，是国内首个针对工业遗产编制的专项规划。与此同时，国内一些城市的相关主管部门调查、整理并颁布了一批老工业基地的工业遗产，划定了工业遗产保护区，如北京首钢、北京焦化厂等。通过保护与再利用，一大批工业遗产成为很有世界影响力的文化创意产业园区，如北京 798、751 和上海 M50 等工业遗产保护再利用的设计实践中，充分结合其自身的产业特点和工业遗产自身空间特性，植入创意文化产业内容，对于完善所在城市的公共文化体系起到了积极作用。以工业保护和工业文化展示为主题的专业博物馆建设工作在各主要工业城市和超大型工业企业中如火如荼地进行，这些以实现工业遗产保护再利用为目标的工业主题博物馆，逐步成为工业旅游链条上的重要节点。

图 4.1　上海自来水厂　　　　　　　　　　图 4.2　南京金陵制造局

　　当前我国工业遗产保护已然从个体的工业建筑向群体工业遗产转化，工业遗产保护的范围也逐渐扩大，从重要的设施设备到遗产区域和工业遗产旅游都有所涉及。工业遗产管理部门注重遗产保护规划的编制工作，对工业遗产的价值评定也采取国际通行的价值评价标准体系，在整体性、稀缺性保护观念的指导下，政府部门不再以经济效益为保护再利用成功的评判标准，而是希望通过良性的规划设计提高遗产区域的活力，最终实现工业遗产保护再利用在城市复兴系统里发挥自身的独特作用。但现有工业遗产保护再利用规划存在目标不明确、体系不健全、规划不科学等诸多问题，导致实践过程中容易走弯路，加之社会公众对工业遗产的关注和认识还不够深入及广泛，特别需要对工业遗产有深入和全面研究的成果，引导公众建立整体性的保护观念，推动城市的全面发展。

4.3　国内工业遗产保护再利用实践经验

　　随着城市经济高速发展和城市化水平提高，大拆大建、推倒重来，新城区覆盖了老城旧有的工业遗产，也撕裂了几代人的城市记忆。近年来，一场关于城市复兴的思潮和践行正在各地悄然涌动。当前我国正处于产业结构升级、过剩产能消化期，随着制造企业并购迁移，一些污染环境的传统工业区整体搬迁，城市复兴的机缘已经成熟。过去很多城市采取新城扩建，不停拓展城市框架，现在到了重回城市中心地带，进行存量提升和压缩式再利用的阶段，原因是绝大多数的大中型城市的空间增量是围绕着老城区进行扩张的。

　　随着近期我国的城市开发建设速度放缓，地方政府和开发企业开始反思大规模且迅速的开发模式，正视早期完全无视传统的白板式开发所带来的社会危害，从一些早期的错误中汲取了教训，比如在人口稀少的地区大兴土木、打造产业新城，一蹴而就的规划导致很多城市新区上演了"空城计"。值得庆幸的是，具有前瞻性的中国城市复兴项目倡导了更加谨慎的开发方式，务求保护历史，尊重城市设计、生态环境和现有文脉。最近在上海、北京、景德镇、青岛、唐山等城市进行的一些尝试便是很好的例证。

4.3.1　上海工业遗产保护再利用实践

　　上海作为中国最具代表性的近现代工业城市，是很多中国工业最早的发源地、成长地，因此如今在上海还可以看到大量保存完好的工业遗产。从 19 世纪中叶起至今，上海各种各样的工业空间、工业建筑、工业厂区在城市发展过程中发挥了重要作用，但随着时代的发展，很多工业遗产尤其是建筑都已完成了它的历史使命。

　　上海工业化的进程非常短，新技术与传统技术几乎是同时出现并运用的，所以上海是一个能够清晰看到时代痕迹的城市。在 20 世纪 30～40 年代的建筑中，先进的工业建筑设计理念使得现代建造方式和一些非常传统的砖、木结合砌筑的工业遗产混杂在一起，从而体现融合出上海工业遗迹的一个非常大的特点：时间性。80 年代后，随着上海工业开始大规模转移与转型，很多原有厂房不仅难以适应新需求，而且面临着改造升级。由于上海的工业厂房大多属于国有企业，从权属上无法直接进入土地市场交易，以至于很多人就想重新使用闲置厂房。当时厂房再利用项目具有很强的临时性，再利用时无法知晓这个地块在未来是否会作为城市开发的基地。90年代开始，这些早期的工业遗产改造利用都倾向于过渡性质的商业再利用。90年代末，一部分艺术家开始进入这些空间时，工业遗产厂房仍处于临时的搁置阶段，并没有在规划上明确改造用途，所以导致其租金很低；另外，艺术家又希望使用更大、更便宜的空间，因此就增加了艺术家对这些旧仓库的喜爱。如纽约的苏荷区案例一样，只是在90年代末的上海主要发生在苏州河边的工厂和仓库，如图4.3所示。

图4.3 上海旧工厂改造的艺术空间

从艺术家介入后，旧工业建筑结构和建筑品位发生了很大变化，艺术家对既有工业空间、建筑结构的破旧外观有一种特殊的喜好。这种独特的喜好使得工业遗产得以最大限度地保存下来。但有些改造需经政府介入才得以实施，如改造苏州河边外观破旧的上海啤酒厂，1934年建成的马蹄形新厂近3万平方米，有酿造楼、灌装楼、仓库、办公楼和发电间，产能更是达到每年500万瓶，是当时中国最大的啤酒生产厂商。该遗产建筑被修复成功后，啤酒厂的灌装楼被改造为苏州河展示中心，酿造楼变身啤酒吧，现已成为苏州河边的重要景观，如图4.4所示。

图4.4 上海啤酒厂改造前后对比

上海从苏州河两岸开始主动思考如何对待这些工业遗产，沿河留存的工业建筑开始被系统地研究和梳理，而艺术家和设计师的介入，使苏州河两岸出现了许多知名的艺术园区。由于相对系统的改造，苏州河地区带动了整个上海对工业遗产的重视、系统研究以及保护再利用的实施。至此，上海已有很多以工业遗产的保护再利用为特点的文化艺术园区，或者是创意产业园区。像泰康路的田字坊，起初里面主要是一些尺度不大又简陋的临时厂房、里弄工厂。在改造过程中，由于恰逢亚洲金融危机，原本计划要拆除的厂房，在拆除的过程中因开发资金短缺导致改造暂停。这时陈逸飞、尔冬强等一大批艺术家入驻，带动了这个区域活跃度，成就了今天的田字坊。

上海工业遗产研究的另一个重要案例是杨浦滨江工业带。杨浦是中国近代工业的摇篮，位于杨树浦路 830 号的中国第一座现代化水厂——杨树浦水厂，让上海人在全国率先喝上了自来水；位于杨树浦路 468 号的上海船厂西厂，诞生了中国第一台国产半潜式钻井平台"勘探三号"、中国第一艘出口万吨轮"绍兴号"、中国第一台随船出口的低速船用柴油机……如今，这些百年工业遗产被一一保留在杨浦滨江，杨浦滨江成为"世界仅存最大的滨江工业带"。

杨浦滨江工业遗产带中的原毛麻仓库是一栋拥有近百年历史的老建筑，于 1920 年由公和洋行设计，其钢筋混凝土无梁楼盖结构、简洁的红墙立面，凸显了 20 世纪 20 年代的技术特征和工业特色，是杨树浦路上中国民族工业的印记，如图 4.5 所示。船坞由德资的瑞镕船厂于 1900 年开挖，后改名上海船厂。2007 年 11 月 6 日，我国唯一的一艘第三代极地破冰科学考察船"雪龙号"升级改造后交船离厂。如今，这两座 200 多米长的船坞是该区域标志性的亮点，拥有工业区独特的场所感和艺术震撼力，如图 4.6 所示。

图 4.5　原毛麻仓库　　　　　　　　　　图 4.6　上海船厂

杨浦滨江工业遗产带的绿之丘作为生态之丘，是对原烟草仓库的改造利用，设计团队重新理解场地关系和城市公共文化体系后，将其定位为公共服务综合体，通过生态化的手段打造城市与江对话的城市公共空间，如图 4.7 所示。灰仓艺术空间由原来杨树浦电厂的干灰储灰罐改造而成，通过架设新的交通体系，注入观光展示功能，创造出漫游登高远眺的滨江活动综合体。3 个干灰储灰罐作为滨江电厂段的重要工业遗存，经过外围结构的处理和加固，其中 2 个罐体的内部空间在重新划分后可以作为艺术展示空间使用，另一个罐体则更注重和人的交互体验，以盘旋而上的坡道表达对工业美学的尊重和与城市环境展开良好的景观对话，如图 4.8 所示。

图 4.7　绿之丘

图 4.8　干灰储灰罐改造的艺术空间

总而言之，沉寂的上海工业遗产空间只有经过保护再利用，经过设计、艺术、商业等各方面的功能介入，才有可能真正融入今天的城市复兴之中，成为当代城市的重要组成部分。工业曾经是上海城市经济的重要支柱，也是这个城市值得骄傲的历史。时至今日，工业遗产依然为这个城市的持续发展贡献自身的价值。上海的创意产业方兴未艾，工业遗产与创意产业这两个看似不相干的脉络产生了必然的联系。

4.3.2　北京工业遗产保护再利用实践

中共中央、国务院批复的《北京城市总体规划（2016～2035 年）》提出，要"加强历史建筑及工业遗产保护，挖掘近现代北京城市发展脉络，最大限度保留各时期具有代表性的发展印记"；要"制定政策法规，鼓励存量更新""针对工业遗产、近现代建筑等特色存量资源，制定保护利用的机制办法"。

北京的工业发展起步较晚。从清末到民国初年，北京发展了能源和机械制造工业，尔后至中华人民共和国成立前后基础产业如电力、钢铁也有所增益。中华人民共和国成立以后，北京的发展思路从"消费型城市"向"生产型城市"转变，于是机械、化工、皮革、钢铁、毛纺、建材、电子、仪器、炼焦、铁路、电机等产业也有长足发展，所以北京现存的工业遗产门类十分丰富，建设年代以 1949 年以后为多。

洋务运动时期，工业兴起的进程在北京还没有开始，直到 1878 年段益三开设了通兴煤矿，1883 年清政府在三家店创办神机营机器局，北京才开始有了近代意义上的机械工业。据北京市城市规划设计研究院统计，北京目前有 63 处工业遗产，以上述划分方法，其中有 16 处为近代工业遗产，47 处为现代工业遗产。

在 20 世纪 20～40 年代，北京的工业主要分布在西郊和北郊，以能源、钢铁和制呢为主，代表企业为石景山炼铁厂、石景山发电厂和清河制呢厂。中华人民共和国成立以来，北京大力发展工业，旨在将"消费城市"转变为"生产城市"，并树立了"强大的工业基地"的目标，一度承担了大型工业发展的重要职责。到 70 年代末，已经发展为机械、化工、皮革、钢铁、毛纺、建材、电子、仪器、炼焦、铁路、电机全面发展的格局。
民族工业的厂址有相当程度的保留。"一五""二五"期间的工业遗存，如热电厂、焦化
厂、重型电机厂、通用机械厂等大都保留至今，类型比较丰富，见证了北京城市尤其是
工业化水平提升阶段的发展。

　　目前从北京工业遗产的开发案例来看，以博物馆展示空间和文化创意产业聚集区为
主，也兼有个别城市开放空间。一般遗产保护分为三个层次：单体遗产保护、遗产片区
规划保护和行政保护。单体遗产保护指遗产建筑本身面临自然或人为破坏时的应对和保
护；遗产片区规划保护是指对遗产群落及周边设施和环境的统一规划及合理利用；而行
政保护主要为上述两个层次提供行政依据和人力、物力、财力的保障。

　　经过建筑工程和文物保护技术多年的发展，单体保护从技术上来讲，已经日趋成熟
并达到了实际应用的水平。由于工业容易因交通、市场或原材料而聚集于一片区域，从
技术上来讲，遗产片区规划对于工业遗产保护和再利用是更为整体、宏观和切实的保护
方法，而行政保护可以为规划的落实破除障碍并协调提供解决方法，目前工业遗产片区
规划和行政保护两个层次的保护在尝试和探索。目前工业遗产单体保护的落点主要为博
物馆或展览馆，而遗产片区规划的出路往往是商业区、文化产业园区和城市开放空间或
三者的综合。

　　利用老工业区的地理位置、工业建筑独特品位和高大空间，可以改造为文化创意产
业聚集区，如莱锦文化创意产业园（图 4.9）。

图 4.9　莱锦文化创意产业园

　　北京第二纺织厂始建于 1954 年，位于北京八里庄东里附近，原为北京地区重要的棉
纺织厂区，进入 20 世纪 90 年代，随着首都产业结构的调整，北京第二棉纺织厂被迫停
产。在国家"退二进三"的政策和北京市"十一五"规划纲要要求重点发展文化创意产
业的背景之下，由于北京第二棉纺织厂处于规划的传媒走廊的重要节点上，受到中央电
视台的功能辐射，加上政府对发展创意产业的支持，最终选择以传媒为主的创意产业为
园区业态。

　　与北京第二纺织厂从一开始政府就介入的模式大有不同，798 艺术区的形成源自艺
术家的自发聚集。798 艺术区原为电子元器件的生产厂，部分工业建筑属于典型的现代

主义包豪斯风格，整个厂区规划有序，建筑风格独特。大量艺术家被形象奇特、租金低廉的厂房吸引聚集于此，交流艺术、创作，同时也生活在这里，可算作北京最早的创意产业园区之一。798艺术区也经历过面临拆除的境地，但由于大量专家学者和人大代表的努力，北京市政府下定决心保留798艺术区，使其成为北京作为世界城市的新名片。798艺术区定位为特色鲜明、高度国际化的"文化艺术特色区"，已纳入北京市的城市规划，对园区内的工业遗产进行合理保护，重点保护建筑如对民主德国援建厂房只进行适当修缮，不允许拆除改建，对于其他园区建筑环境空间提倡鼓励艺术创意创造，如图4.10所示。

图4.10　798艺术区民主德国援建建筑及室内空间

废弃的、停转的工业遗留厂区转换为以不同工业门类历史文化资源为主题的城市开放空间，成为城市休闲场所，同时加以文化、生态环境的塑造，大力发展旅游、休闲业务，目前比较成功的案例是北京751遗址公园。751遗址公园原与798艺术区同属718联合厂，该片区原为民主德国援建的厂区，部分建筑被列为近现代优秀建筑。厂区中留存的运煤专用铁路、两座高68m的螺旋式大型煤气储罐、八座重油裂解高炉、纵横交错的管道等遗存在新的开发中得以再利用。目前经过整体规划的751遗址公园各个部分通过原有的标志性构筑物命名，并且划定区域和不同主题，举办过音乐节、设计周、发布会等许多活动，成为城市景观群之一。

1919年开始建设的官商合办、龙烟铁矿股份有限公司筹建的石景山钢铁厂（首钢前身）是华北地区最早的近现代钢铁企业，其自主研发的世界尖端炼钢技术在国际上曾处于领先地位。首钢作为全国十大钢铁企业之一，在20世纪70年代为北京经济发展做出了巨大贡献，其上缴利税占北京市总额的1/4，同时首钢工业区也是国内目前保存最完整、面积最大的钢铁工业生产厂区。2011年，有着90多年历史的首钢厂区正式停产。《北京城市总体规划（2004～2020年）》对首钢工业区的定位和要求是：结合首钢搬迁和石景山城市综合服务中心、文化娱乐中心及重要旅游地区的功能定位，在长安街轴线西部建设综合文化娱乐区以完善长安街轴线的文化职能，提升城市职能中心品质和辐射带动作用，大力发展以文化、信息、咨询、休闲娱乐、高端商业为主的现代服务业。首钢工业区旧址具有众多高炉、筒仓、煤料仓、转运站、焦炉、工业廊道以及工业建构筑物等工业元素，形成了具有震撼效果的工业景观风貌特征，区内有石景山山体、永定河河道以及绿化带，同时还包含古建筑群、古井等文化遗产，是集景观、生态、遗产等开发价值于一体的工业旧址，其开发和再利用有重大的意义，如图 4.11 所示。

图 4.11　首钢工业区和由筒仓改造的冬奥组委会办公楼

　　笔者通过调研发现，北京工业遗产的特点为近代遗产少、现代遗产较多、产业门类多、大都分布在近郊区、结构稳定、有良好的再利用基础，同时，工业厂址搬迁、转产和保留的情况各占 1/3，工业遗产保护与实践仍处于起步阶段。北京工业遗产保护再利用的基本思路是结合有效保护，立足开发再利用，将工业遗产保护与老工业区的更新改造有机结合在一起，在有效保护工业遗产的前提下，实现经济、文化、环境诸方面共同协调发展。

　　北京工业遗产保护再利用和城市复兴策划阶段在城市总体规划的远景战略中提出纲要性内容，保证城市设计的核心内容得以落实。对大型工业遗产聚集区和城市中心地段的遗产再利用，单独编制专项规划并与城市规划相配合，对遗产空间形态和环境的最终效果进行方案设计，以期最终呈现理想化的城市空间形态。当然在这个过程中，不乏国际范围内的概念规划方案征集和多方案的比较。

4.3.3　景德镇工业遗产保护再利用实践

　　江西省景德镇市是首批国家历史文化名城，作为中外闻名的千年瓷都其陶瓷文化历史悠久，对中国和世界陶瓷业的发展都有着重要影响。中华人民共和国成立以后，在计划经济的指导下，景德镇大型国有陶瓷厂取得了很好的成绩，在产、学、研各个方面都取得了长足进步，将景德镇千年的陶瓷技艺推向新的高度，具有极高的科学技术研究价值。1995 年后，随着国有陶瓷厂大规模改制，原有大型陶瓷厂陆续停产。与此同时，大批下岗工人为了谋生，进入个体作坊和私营企业进行生产。当前，民营陶瓷企业和作坊再度复兴，成为今天景德镇陶瓷产业的主体，国有陶瓷生产企业屈指可数。这个极度辉煌的千年瓷都，似乎又焕发出新的光辉，成为新的"网红"城市，吸引着成千上万陶瓷艺术的朝圣者，形成了独特的"景漂""景归"现象（图 4.12）。

图 4.12　工业遗产改造后的陶溪川

　　对景德镇陶瓷工业遗产博物馆建设轨迹进行探究可以发现，该博物馆原为景德镇十大瓷厂之一"宇宙瓷厂"的烧炼车间，1956 年由苏联援助建成，最初为隧道式煤烧窑炉，后来随着工艺变化，20 世纪 70 年代改造为油烧隧道窑，80 年代更新为气烧隧道窑。更加难能可贵的是，厂房北端保留了陶瓷生产最早期两栋 1960 年建设完成的倒焰煤窑（俗称"馒头窑"）——几乎涵盖了景德镇陶瓷近现代生产的全部烧炼工艺痕迹，如图 4.13 所示。窑房两端还分别保留着苏联援建时期未完工的原料漏斗和高达 60 多米的烟囱。景德镇陶瓷工业遗产博物馆是将 20 世纪的工业遗产——宇宙瓷厂建筑进行保护性再

图 4.13　景德镇宇宙瓷厂历史遗存

利用,改造为陶瓷主题博物馆,并完善园区附属公共设施配套,基于工业遗产保护的原真性和整体性原则,在空间形态和主题符号选择上注重工业遗产的生境恢复,主张工业遗产与环境的融合性,突出重要工业遗产中心位置加以强化。在具体的尺度、材料、肌理的使用上,注意时代性的审美要求,通过环境的转换与新旧的并置打造时空对话。

简·雅各布斯在论述城市多样性产生的条件时曾提出:"地区内的基本用途必须混合,这些功能吸引着并留住人流,使人们能够使用很多共同的设施。"景德镇原国有企业改制之后的旧工厂也以低成本、适合设置作坊尤其是窑炉而继续成为重要的陶瓷生产空间。这里基础设施齐全,继续生产方便;周边多是工厂原来的生活区,离家很近,所以不少原厂职工也会这里开办作坊或者帮人打工。如雕塑瓷厂改制后原有厂房分割出租,并在 2005 年之后由于乐天陶社等有影响力的艺术机构进驻,逐渐成为全国著名的陶瓷创意工坊和店铺集聚地,拥有数百个手工作坊和来自各地的国内外艺术家。雕塑瓷厂周边除了原有的瓷厂生活区外,也有新的居住小区和城中村可供居住选择。

与此同时,土地与空间进行混合利用,环境空间所呈现的复杂和多元的状态刚好与社会的多样化需求相契合,也符合创意文化阶层对城市空间资源和场所效应的理解。作为老城区,景德镇城中村和旧工厂周边的学校、医院、商店等生活必需的各类服务设施已经比较齐全,创意人员在步行可及的范围内可以满足几乎所有生活需求。城中村和旧厂区被新的、现代化的城市建设所包围,镶嵌于方格路网、现代居住小区、工业园区等形成的城市框架中。陶瓷产业村和旧厂区成为多个分散的小就业节点,围绕这些小节点是生活区,整体上形成多个生产和生活融合、交织的产业社区。这是景德镇老城区的空间组织模式,是看似杂乱表象背后的空间秩序,也是城市活力的空间支撑。

在景德镇,生产空间与生活空间的融合是城市活力的重要支撑。这与当代创新空间研究中的功能混合社区模式不谋而合。城中村、旧厂区,这些作为生产和就业地的异质性空间与其他现代城市空间拼贴、融合在一起,承载了多样化的社会需求和异质性的人群,使城市成为多样、丰富、活力的复杂有机体。悠久辉煌的制瓷历史带来的极高声望、大量的历史文化遗存、丰富多元的文化科研教育展示机构、浸润到几乎每个景德镇人的活态传承的陶瓷文化和开放包容的城市文化基因,使得景德镇的文化魅力在新时代重新彰显出来,逐渐成为陶瓷艺术家及爱好者不断集聚、文化机构扎堆入驻、世界陶瓷文化交流的重镇,如图 4.14 所示。

图 4.14　充满活力的景德镇工业遗产区域

从生产的角度来看，外来艺术家、爱好者、青年学生带来新的艺术、设计理念以及营销技术，与本地既有传承千年的传统工艺、工匠精神相结合，优势互补，取长补短，形成多元化的陶瓷产品；从社会结构的角度，外来者带来了不同的文化，增添了社会的异质性和活力。景德镇作为千年瓷都，在城市复兴过程中所表达的对工业遗产的尊重，对城市文化的深层次理解以及对公共空间的混合性使用有效地满足了市民的多元文化需求，在持续复兴进程中增强城市在世界范围内的吸引力和影响力。

4.4 本章小结

本章从国内已经存在或正在探索的工业遗产保护再利用和城市复兴设计实践出发，通过相关研究综述、实地调研等方式，对多个城市的发展历程、工业遗产的形成背景等进行梳理与汇总，结合各自的实践背景进行分析和综合，为之后展开辽宁省工业遗产的相关研究提供了参考。

首先，采取比较与案例相结合的方法，比较研究了上海、北京、景德镇等城市工业遗产保护再利用和城市复兴的应用特征。其中，上海的设计实践是以工业遗产空间转化和创意产业的介入为主要内容的务实性保护再利用，其目的是从战略角度为地区空间发展提供可持续发展的可能；北京工业遗产保护再利用是以工业遗产区域的整体性开发的形式与城市规划法定体系相配，政府、企业、使用者在共同的框架下沟通，其目的是城市发展目标与地区空间具体设计和开发行动相结合，促进地区整体公共设施建设和文化复兴；景德镇工业遗产保护再利用更多地融合了名城保护和城市设计框架的具体内容，形成了一种独特的适应性很强的空间处理方法，从织补城市、城市复兴的角度出发，将整个旧城的老厂区纳入整体规划，统一考虑。在改造项目的过程中，根据历史文化、城市现状与社区环境密切结合的原则，通过传承技艺、留存社区记忆、当代设计等手段，借助活化工业遗产资源的方式，重塑城市人的美好生活。

其次，采用案例研究的方法，以我国城市工业遗产和城市复兴发展现状为背景，结合具体的设计实践项目，分析和综合不同城市工业遗产保护再利用理念及方法在当前我国的实践探索情况，为建构适合我国的工业遗产保护再利用与城市复兴理论奠定了实践基础。

第**5**章

辽宁省工业遗产的
现状与特征分析

辽宁省是我国东北地区著名的重工业基地，是我国最早实行对外开放政策的沿海省份之一，同时也是我国工业崛起的摇篮，有"共和国长子"和"东方鲁尔"之称，为我国经济的高速发展做出了巨大的贡献。目前，辽宁全省工业有 39 个大类，197 个中类，500 多个小类，是我国工业门类非常齐全的省份。辽宁省总面积 14.8 万平方千米，人口约 4300 万人，是东北三省中面积最小、人口最多、经济最发达的省份。

5.1 辽宁省工业遗产的主要构成

5.1.1 工业城市

工业城市是产业革命后随着工业化的发展而产生的，工业的产业职能成为城市的主导职能。工业城市以工厂为中心建设，工厂则大多分布于交通集散便利和资源中心地带，是工业生产的地域性组织。工业城市可以根据地域属性分为沿海和内陆工业城市，也可以由突出的产业来定义工业城市，还可以区分单一性的工业城市或是综合性的工业城市。城市作为工业发展的产物，同时也是工业的空间载体，因此在解读工业遗产和工业文明时，必须对城市进行深入的剖析，而且从宏观层面上来讲，城市是工业遗产保护再利用和城市复兴的一个层级。

辽宁省作为重要的老工业基地，现存典型老工业基地城市 9 个，资源枯竭型城市 7 个，这些城市为全国经济发展做出过不可磨灭的贡献，但面临资源枯竭和萎缩的境地，积累了大量的工业遗产，有的遗产至今还在使用。

按照第三次全国文物普查，辽宁省工业城市的主要工业遗产如下。

① 沈阳市（13处）：包括奉天纺纱厂办公楼旧址、沈阳铸造厂大型一（翻砂）车间、铁西工人村历史建筑群、北陵水源地旧址、大亨铁工厂、肇新窑业公司办公楼、杨宇霆电灯厂旧址等。

② 大连市（18处）：包括南满洲电气株式会社旧址、南满州铁道株式会社（简称满铁）扇形机车库旧址、沙河口净水厂旧址、大连福岛纺织株式会社旧址、旅顺船坞局旧址、满洲重机株式会社金州工厂旧址等。

③ 鞍山市（24处）：包括昭和制钢所对炉山配水塔旧址、鞍钢01号变电站旧址、鞍钢轧辊厂车间建筑群、钢绳厂拉丝车间旧址、大孤山露天铁矿、小黄旗铅矿冶炼厂遗址等。

④ 抚顺市（35处）：包括永安东泵房、东公园净水房、炭矿长住宅旧址、电力株式会社旧址、萝卜坎炼铁炉、龙凤矿竖井、搭连运煤漏、龙凤矿办公楼、西露天矿等。

⑤ 本溪市（12处）：包括本钢一铁厂旧址、本溪湖煤矿第四矿井、本溪湖煤铁有限公司旧址、彩屯煤矿竖井、刘家沟侵华日军兵工厂遗址、高炉山大烟囱遗址、桓仁发电厂等。

⑥ 丹东市（7处）：包括安东水道元宝山净水厂旧址、浪头镇冶炼厂大烟囱、五一八内燃机配件厂、富国瓦厂烟囱、丹东市机床开关厂旧址、东大砬子矿井、林家堡子矿洞等。

⑦ 营口市（11处）：包括营口造纸厂、营口盐化厂旧址、东亚烟草株式会社旧址、日本三菱公司旧址、亚细亚石油公司旧址、熊岳印染厂旧址、营口501矿旧址等。

⑧ 阜新市（2处）：包括海州露天煤矿、阜矿宾馆。

⑨ 辽阳市（11处）：包括满蒙棉花株式会社旧址、满洲水泥株式会社辽阳工厂旧址、原日本陆军造兵厂第二制造所旧址、昭和制钢所水线、金家原日本煤铁矿办公楼旧址等。

⑩ 盘锦市（8处）：包括田庄台变电所旧址、荣兴变电所旧址、吉家节制闸遗址、天一抽水站遗址、平安抽水站遗址、新开河排水闸、辽河油田第一口探井、马克顿河闸等。

⑪ 铁岭市（8处）：包括铁岭火车站蒸汽机车库旧址、原昌图农机修造一厂旧址（八面城）、铁煤集团晓南矿、铁煤集团大明煤矿、铁煤集团大兴煤矿、铁煤集团大隆矿等。

⑫ 葫芦岛市（12处）：包括庙山东竖坑矿址、柴屯锰矿、庙山东竖坑矿址、西竖坑矿址、杨家杖子矿区索道、岭前竖井、杨家杖子日式建筑群等。

城市化过程中，很多工业遗产已经被破坏或者被现代的平庸建筑物所替代，基于城市整体形态的可持续发展研究，就必须将工业城市作为一大类的工业遗产整体加以分析，实现其价值的完整性，这些主要体现在保持城市布局、建成结构以及城市景观的清晰度和可读性。辽宁省部分主要工业城市发展情况如表5.1所示。

表 5.1　辽宁省部分主要工业城市发展情况

城市	建城时间	历史地位		城市性质	影响因素
		近代	现代		
沈阳	1934 年	东北乃至全国交通枢纽	全国重要加工制造业中心	机械工业为主的国家重点老工业基地	工业基础雄厚、交通枢纽、科技发达
大连	1949 年	重要港口	石化、船舶、现代装备制造、电子信息	国际航运中心、文化、旅游、制造业为一体的综合性工业城市	水路、陆路交通发达，石油化工和造船业发达
鞍山	1937 年	钢铁原材料及产品供应地	全球重要的综合性钢铁加工基地	钢铁之都	铁矿丰富、工业历史悠久
抚顺	1937 年	唯一石化基地和原材料基地	石化和原材料供应基地	石化工业为主的资源性城市	基础设施完备、煤油资源丰富、水源充足
本溪	1949 年	全国钢铁加工基地和原材料基地	全国钢铁化工基地	铁煤工业城市	交通便利、铁煤资源丰富
阜新	1940 年	东北煤炭供应地	电力煤炭供应基地	电力煤炭为主资源型城市	基础设施完备、煤电资源丰富、交通便利

5.1.2　工业企业

　　企业是现代社会最常见也是最基本的经济组织，工业企业则是从事工业性生产经营活动的营利性经济组织。辽宁省近现代工业经历了多个发展阶段，中华人民共和国成立后，"一五""二五"期间的大型企业集群建设更是为辽宁省取得工业辉煌奠定了基础，这些大型工业企业在产业结构调整的过程中留下了众多具有珍贵历史和技术价值的工业遗产，这些工业企业本身的生产流程、设备、厂房及与生产活动关联的办公和生活设施所形成的独特的历史风貌，也是工业遗产保护再利用的重点对象。辽宁省重点工业企业有鞍山钢铁公司、本溪钢铁公司、抚顺钢厂、大连造船厂、大连港务局、锦州石化公司、大连机车厂等，如图 5.1 所示。

　　作为构成工业城市的结构性元素，对工业企业工业遗产的解读，更多地关注特定形态的特征、一致性、连续性的规律，意义在于实现其文脉和历史记忆。以制造、技术革新、新阶级增长为特征的工业企业对城市形态的尺度和特征产生决定性影响，直接影响着城市地区的其他物质元素的相互关系。

5.1.3　工业建筑

　　工业建筑是从事各类生产活动的建筑物和构筑物，根据生产工艺和机械设备等要求而设计，结构、构造复杂，技术要求高；多为空间开阔、秩序性强的大跨建筑，建筑规

图 5.1　辽宁省重点工业企业：鞍山钢铁公司（上）、
大连造船厂（下左）、本溪钢铁公司（下右）

模宏大。工业建筑与其他建筑类型相比，其建筑形式、结构形式、空间特征具有明显的独特性，如图 5.2 所示。

图 5.2　工业建筑形式、结构形式、空间特征的独特性

　　辽宁省工业建筑在建筑形态上表现为空间和体量巨大、材料朴素、构造节点清晰，通过其超大的空间和秩序感突出的结构框架体现工业美学特征。工业遗产建筑的价值已经引起相当多研究者的注意，他们不仅探究其建筑风格（尽管建筑物风格最明显的表现为城市景观），还以建筑作为城市变化的影响因子来挖掘城市规划系统的许多信息。工业建筑的形态与功能之间的关系十分紧密，以至于这种关系一旦形成，相应的工业城市形

态就按规则呈现出来；工业建筑也被认为是特定城市形态的"发生器"，可以加速城市化进程，就其个性而言，工业建筑就是对这一类型的通用概念的一种历史解释。

由于建设精良，辽宁省很多现存工业遗产建筑还具有很好的使用价值。如一些厂房建筑可以改造为文化设施如美术馆、博物馆等，或者商业服务设施如商场、购物中心、家居卖场等。工业建筑的利用模式与其历史用途相独立，作为形态的结构逻辑和内部的理性联系同样具有重要价值，强调其建筑语言的重要性，从历史衍生形态出发，不断地调整，并且这种调整是基于对现有文化意义的反映，更是隐喻性含义的集中表现。

总体上来讲，辽宁省域范围内的工业建筑风格以殖民地风格和苏式风格为主，反映了辽宁省工业发展的整个过程，其建造工艺、建筑质量代表当时的较高水平。这些工业建筑所包含的物质、文化、情感因素是城市工业遗产保护再利用中特别要加以珍惜的。

5.2　辽宁省重点城市工业遗产状况

5.2.1　大连——现代工业城市

辽宁省大连市是我国北方重要的港口、工业、贸易、旅游城市，是我国重要的工业基地，拥有门类齐全的工业体系，石油化工、造船、机车、大型机械、轴承、制冷设备等产业规模在全国同行业位居第一。

大连的工业最早可以追溯到甲午战争前清政府建设军港时期。1880 年清政府在旅顺口建设港口，直到 1890 年建成，伴随着港口的建设，一些配套设施和生产生活工厂也随之设立，构成了大连近代工业的发端。后来，随着港口、铁路、公路的扩建和城市的发展，造船、冶金、机械、化工、纺织和建材等一批工业企业相继出现，军港的建设带动了旅顺城区建设，大连地区出现了近代城市的萌芽。

早期大连的建设是围绕着港口和铁路工程展开，在筑港的同时，大连工业发展较快，从而带来了人口在空间上的集中。大连商港的建成投入使用，使大连迅速成为东北亚区域重要的港口城市，港口的繁荣极大地加速了城市的发展，城市的各项功能也趋于完整。在港口建设的带动下，大连的工业有了高速发展，机械加工、化学、造纸、冶炼等工业体系日趋完整。目前还现存的工业遗产有大连海港、孙家沟净水厂、广和配水池、大三岛灯塔等。

随着南满铁路的建设，大连的交通运输业得到了蓬勃发展，城市规划也呈现出现代工业城市的雏形，这一时期的重点工业遗产包括大连造船厂、旅顺造船厂、大连机车车辆厂、小野田洋灰工厂、大连铁工所、南满瓦斯株式会社、满铁大连机务段扇形车库旧址等，如图 5.3 所示。

中华人民共和国成立后大连依托其原有钢铁、机械加工产业基础，重点建设军工企业，为恢复经济、安定民生、支援前线，建立了大型兵工联合企业。与驻连苏军协商组建中苏合营企业如中苏造船公司、中苏合营远东电业公司、石油公司和盐业公司等，为我国的国民经济建设提供了宝贵的经验。

图 5.3　满铁大连机务段扇形车库旧址及 1926 年建造的甘井子煤码头钢栈

大连的建城时间虽然比较短，但近代工业的发展十分迅速，近代工业的畸形发展和日俄殖民统治使得大连重工业基础雄厚，大型工业企业的聚集加速了人口的增长，同时大型企业封闭的空间工业景观也影响着大连整个城市的风貌。大型企业的经营权有序转移也使得日俄时期遗存下来的工业建筑和其他遗产这些重要物证得到了良好的保留。表5.2 所列为大连主要工业遗产名录。

表 5.2　大连主要工业遗产名录

遗产原有名称	始建年代	遗存现状	遗产原有名称	始建年代	遗存现状
大连港	1899 年	延续原有功能	大连冰山集团	1930 年	延续原有功能
大三山岛灯塔	1903 年	延续原有功能	大连第二发电厂	1935 年	延续原有功能
南满铁道株式会社本部	1950 年	延续原有功能	大连煤气二厂	1957 年	延续原有功能
满铁协和会馆旧址	1950 年	延续原有功能	大连纺织厂	1923 年	延续原有功能
中东铁路附属建筑群	1920 年	延续原有功能	国营 523 厂	1950 年	延续原有功能
大连机车车辆厂	1911 年	延续原有功能	大连自来水厂集团	1920 年	延续原有功能
大连电车修理工厂	1909 年	延续原有功能	大连站	1903 年	延续原有功能
甘井子煤码头	1926 年	保存不好	沙河口火车站	1909 年	延续原有功能
大连造船厂	1902 年	延续原有功能	南关岭火车站	1903 年	延续原有功能
大连第一水泥厂集团	1907 年	延续原有功能	营城子火车站	1903 年	延续原有功能

5.2.2　沈阳——"共和国装备部"

沈阳是辽宁省省会，也是我国东北地区重要的中心城市。中华人民共和国成立后，沈阳成为以装备制造业为主的重工业基地，被誉为"共和国装备部"。沈阳的工业历史伴随着战争掠夺的苦难、"共和国长子"的荣耀、改革转型的跋涉度过了曲折发展的 100 年。

19 世纪末盛京机器局创立，开创了沈阳近代机械工业的先河，也是中国机制银元最早的企业之一。盛京机器局的创立是沈阳成为著名工业城市的开端，从此开始迈入近代城市阶段。清朝末年盛京当局在铁路建设和矿山开采及机械工厂领域进行了大量工作，奉系统治时期铁路系统和军事工业逐渐发展完善，成为沈阳近代民族工业的代表。第一次世界大战期间，主要资本主义国家忙于战争，中国的民族工业得到短暂发展。日俄战争结束以后，外国资本加大对沈阳的投入力度，并进行资源掠夺，工业企业主要分布在铁西区。铁西区始建于 20 世纪 20 年代，呈现出现代主义的城市规划特征。伪满时期，沈阳的工业得到了进一步发展，日本实施奉天都邑计划，奠定了沈阳近代工业体系的格局，各个工业门类都有设立。中华人民共和国成立后，沈阳成为国家重点建设的地区，加大对沈阳市机械工业的投资，占到了工业总投资的 70％以上。苏联援建我国的 156 个项目中，有 6 项在沈阳建设完成。为支援国家建设，沈阳形成了以能源、原材料与机械加工为首的重工业体系，沈阳成为全国瞩目的工业基地。沈阳铁西老城区也是我国最早且规模最大的现代化工业区，如图 5.4 所示。

图 5.4　沈阳铁西区工业遗产建筑

2017 年 7 月，《国务院关于沈阳市城市总体规划的批复》（国函［2017］92 号）中提到，沈阳市城市性质为"沈阳市是辽宁省省会，东北地区重要的中心城市，先进装备制造业基地和国家历史文化名城"。与 2000 年沈阳市城市总体规划确定的城市性质"沈阳市是辽宁省省会，东北地区的中心城市，全国重要的工业基地"相比较可以发现，新的规划更加强调了"国家历史文化名城"。工业文明正是沈阳历史文化最重要的组成部分，工业遗产保护再利用已经得到国家层面的关注。沈阳主要工业遗产名录如表 5.3 所列。

表 5.3　沈阳主要工业遗产名录

遗产原有名称	始建时间	遗产现状	遗产原有名称	始建时间	遗产现状
奉天驿	1910 年	延续原有功能	奉天肇新窑业公司	1923 年	更改原有功能
辽宁总站	1927 年	更改原有功能	铁西工人村	1932 年	延续原有功能
永安铁路桥	1841 年	保存完好	沈阳铸造厂	1939 年	更改原有功能
茅古甸站	1903 年	保存完好	南满州铁道株式会社	1936 年	更改原有功能

遗产原有名称	始建时间	遗产现状	遗产原有名称	始建时间	遗产现状
奉天纺纱厂	1921年	更改原有功能	新大陆印刷株式金社	1945年	保存一般
奉天公署自来水厂	1933年	保存完好	满洲住友金属株式会社	1937年	更改原有功能
陆军造兵厂南满分厂	1939年	延续原有功能	奉西机场附设航空技术部野战修理厂	1933年	保存一般
文隆泉烧锅	1662年	延续原有功能			
奉天军械厂	1921年	延续原有功能	杨宇霆电灯厂	1925年	保存一般
东三省官银号旧址	1905年	更改原有功能	满洲麦酒株式会社	1926年	保存一般
南满洲铁道株式会社奉天瓦斯作业所	1922年	保存完好	奉天机器局旧址	1896年	延续原有功能
			南满洲铁道株式会社奉天公所	1906年	更改原有功能
满洲藤仓工业株式会社	1937年	延续原有功能	奉天邮便局旧址	1914年	延续原有功能
东京芝浦电气株式会社奉天制作所	1937年	更改原有功能	奉天邮务管理局旧址	1927年	更改原有功能
			奉天自动电话交换局	1928年	更改原有功能
满洲日立制作所	1938年	更改原有功能	东亚烟草株式会社—大安烟草公司	1919年	保存完好
日资满洲汤线株式会社	1939年	延续原有功能			
东北航空处	1920年	延续原有功能	沈阳鼓风机厂	1934年	延续原有功能
唐平三台子煤矿	1969年	延续原有功能	奉天八王寺汽水啤酒酱油有限公司	1920年	延续原有功能
法库三家子煤矿	1958年	延续原有功能			
红阳煤矿	1968年	延续原有功能	三菱机器株式会社	1935年	延续原有功能
沈阳风动工具厂	1955年	保存不好	国营112厂	1906年	延续原有功能
东北制药总厂	1946年	保存不好	满洲航空株式会社	1931年	延续原有功能
中捷友谊厂	1933年	保存不好	满洲制纸株式会社	1939年	保存不好
沈阳电规厂	1955年	保存不好	大阪静机工业所	1939年	保存不好
中山钢业所	1933年	保存不好	东洋金属机工株式会社	1939年	保存不好
奉海铁路局	1927年	延续原有功能	沈阳算箭厂	1940年	保存不好
满洲北陵水厂	1938年	保存完好	满洲珐琅合资会社	1936年	保存不好
满洲普达株式会社奉天工厂	1937年	保存一般	奉天迫击炮厂	1922年	保存不好
满洲农产化学工业株式会社奉天工厂	1937年	保存一般	合资会社满洲工业所	1932年	保存不好
			满洲航空株式会社	1931年	延续原有功能

　　沈阳工业遗产的第一个特征是工业企业成片集中式发展，在空间分布上主要是大东遗产群、铁西遗产群、和平遗产群、皇姑遗产群。铁西区集中了日伪时期和"一五"计划时期的大量工业遗产。大东区和皇姑区则是民族工业遗产的聚集地，包括东三省兵工厂、奉天南满兵工厂等。第二个特征是工业遗产的类型多样，涉及行业比较广泛，军工、采矿、机械加工、通信、化工几乎涵盖了所有的重工业类型，也留存下不同类型的工业

遗产。第三个特征是沈阳在近现代工业发展的过程中工业企业的规模和所采用技术、设备乃至生产线和管理制度在当时世界范围内是处于领先地位的，这些完整遗存下来厂房、设备和技术具有较高的科学技术价值。第四个特征是风貌特征明确，沈阳的工业遗产多为 19 世纪末 20 世纪初建设，近现代风格和殖民风格突出，城市格局完好、工业区域规划合理、建筑技术精湛、建筑规模宏大、设备先进是其工业遗产的主要表现。

5.2.3　鞍山——"共和国钢都"

鞍山的城市历史是随着近代工业的发展才被世界所熟知的。从一定意义上讲，鞍山是一座因铁而立、随钢而兴的城市，鞍山的城市发展是建立在工业发展的基础之上的。首先是铁路的影响，随着矿产开采和铁路附属地的设立，城市逐渐兴起；其次，在铁路沿线进行钢铁工厂和工人住宅、医院、邮局等生产生活设施建设；最后，城市居民的增多使得工厂和街区建设加快，城市规模逐步扩大。鞍山在城市空间形态上，呈方格网形设计，这种城市空间结构节省城市用地，功能实用，因此在铁路沿线城市应用广泛。鞍山城市一开始便以火车站为中心进行建设，在车站附近辅以商业区、工业区、住宅与城市公园，围绕火车站形成扇面结构，利用网状结构将住宅用地、生产用地、商业用地、文化服务用地有序规划在铁路沿线，使铁路成为城市发展的空间骨架，如图 5.5 所示。

图 5.5　鞍山市城市工业风貌

中华人民共和国成立后，鞍山是我国"一五""二五"时期重点建设的城市。鞍钢承担了我国建设钢铁强国的主要任务，完成了大型轧钢厂、无缝钢管厂和 7 号炼铁高炉"三大工程"。鞍钢作为我国恢复建设的第一个大型钢铁联合企业和最早建工业史上的无数个第一，被誉为"共和国钢都""中国钢铁工业的摇篮"和"共和国钢铁工业的长子"。

鞍钢工业遗产群是我国现存最早的、产业链保存最为完整的、活态保存的工业遗产群，大多位于鞍山市铁西区，主要建设于 1918～1956 年之间，遗产体量大、分布区域广。鞍山重要工业遗产包括昭和制钢所运输系统办公楼、井井寮旧址、昭和制钢所迎宾馆、昭和制钢所研究所、昭和制钢所本社事务所（图 5.6）、烧结厂办公楼、东山宾馆建筑群（主楼、1 号楼、2 号楼、3 号楼、贵宾楼）、北部备煤作业区门型吊车、建设者

（XK51）机车车头、昭和制钢所 1 号高炉（图 5.7）、老式石灰竖窑、2300mm 三辊劳特式轧机、401 号电力机车、1150 轧机、1100 轧机、"鞍钢宪法"等。

图 5.6　昭和制钢所本社事务所旧址　　　　图 5.7　昭和制钢所 1 号高炉

鞍钢工业遗产群书写了这个城市半个多世纪的辉煌，同时该遗产群拥有非常完整的产业链条，无论是高炉、水塔、机械、设备或是工业建筑，都承载着近现代鞍山工业发展的历史记忆，是展示当代中国工业发展历程的精神地标和文化符号，也是促进城市走向复兴的重要资源。鞍山主要工业遗产如表 5.4 所列。

表 5.4　鞍山主要工业遗产名录

遗产原有名称	始建时间	遗产现状	遗产原有名称	始建时间	遗产现状
立花车站旧址	民国	保存完好	雄雅素旧址	1930 年	更改原有功能
汤岗子火车站旧址	20 世纪初	保存完好	井井寮旧址	19 世纪末	更改原有功能
新开岭道	民国	保存完好	昭和制铁所研究所旧址	1934 年	延续原有功能
唱和制钢所	1918 年	延续原有功能	昭和制钢所大病院旧址	1940 年	延续原有功能
昭和制钢所运输系车辆厂	1918 年	延续原有功能	鞍山满铁医院旧址	1924 年	延续原有功能
鞍钢第二炼钢厂	1970 年	延续原有功能	鞍山公学校	1924 年	延续原有功能
昭和制钢所轧辊厂	1937 年	延续原有功能	鞍钢职工大学	1956 年	延续原有功能
鞍钢重机工具厂	1952 年	延续原有功能	鞍钢职工住宿中心	1950 年	延续原有功能
昭和制钢所第一制钢厂	1933 年	延续原有功能	鞍钢附属企业公司	1950 年	延续原有功能
鞍钢焦耐院	1954 年	延续原有功能	沙河铁路桥旧址	民国	保存完好
昭和制钢所钢绳工场拉丝车间	1939 年	延续原有功能	大孤山铁矿	1916 年	延续原有功能
昭和制钢所变电站	1987 年	延续原有功能	西鞍山矿洞遗址	19 世纪末	保存完好
东鞍山露天铁矿	1958 年	延续原有功能	鞍山制铁所散炭工场	1918 年	延续原有功能
小黄旗铅矿冶炼厂	民国	延续原有功能	仙人咀西山铅矿旧址	民国	保存不好
鞍山炼油厂	1978 年	延续原有功能	庙宇岭萤石矿瞄址	1940 年	保存不好

5.2.4 抚顺——"共和国煤都"

抚顺作为"共和国煤都",其工业历程包括清末民初、日俄殖民、"一五""二五"时期等重要历史阶段,尤其是中华人民共和国成立以后,抚顺作为国家重点扶持的重工业基地,工业经济得到迅猛发展,在我国的工业体系和国民经济中占有极其重要的位置,为我国的社会主义建设做出了巨大贡献。我国的第一桶油、第一吨钢、第一车煤、第一吨铝都是抚顺产出的。抚顺成为名副其实的"中国钢铁工业摇篮"之一。

抚顺是一座因煤而建、因煤而兴的城市。煤矿是抚顺的"工业之母",受矿产资源分布和开采的限制,抚顺的工业用地与居住用地相互毗邻,独立且又分散。煤炭工业的规模开采带动了抚顺的石油化工、冶金、机械制造等工业的兴起,促进了城市的进步与繁荣。抚顺工业在20世纪初期煤炭开采伊始,就笼罩在意欲瓜分中国的帝国主义列强的阴影之下,先是沙俄入侵,后被日本帝国主义侵入与占领,日本人为了千方百计地掠夺抚顺的煤炭资源和一些共生资源,在霸占煤田后逐步建设了机械、电力、石油、冶金、化工等附属工厂和工业企业,同时修建铁路和电铁,抚顺形成了较完整的工业序列。日本还在满铁附属地内开矿山、建工厂、修公园、建住宅、铺公路、办学校、设邮局、供水气,现代城市设施一应俱全。抚顺以畸形的现代殖民城市快速发展起来,使抚顺众多工业遗产留有殖民主义印记,呈现出鲜明的殖民主义特色。抚顺也是一个以燃料、动力和原材料为主的综合性资源型重工业城市。抚顺从1901年创立工业企业以来到1985年,始终是以煤炭或石油为主导产业,以冶金、机械、电力为支柱产业,化工、建材、电子等为相关企业或新兴产业,这就形成了抚顺工业遗产重工业比重大,行业门类齐全,国有大中型企业相对集中的工业格局。

笔者在调研中发现,抚顺最具代表性的工业遗产为西露天矿和龙凤矿竖井,如图5.8所示。现阶段抚顺的工业遗产保护再利用状况堪忧,许多退出生产领域的机器设备、建筑设施、图纸资料、文件档案等并没有得到妥善保护,一些工业建筑被毁坏,大量工业遗产被当作废弃物变卖或拆除;一些有着几十年、上百年历史的老厂房在前一阶段的城市改造中被拆除了,仅存于世的也面临着毁形灭迹的厄运。

图 5.8　抚顺西露天矿及龙凤矿竖井

2017年国务院办公厅公布关于《抚顺市城市总体规划(2011~2020年)》的批复提

出，抚顺是辽宁省重要的工业基地，沈阳经济区副中心城市，要结合资源型城市转型发展，逐步把抚顺市建设成为经济繁荣、和谐宜居、生态良好、富有活力、特色鲜明的现代化城市。批复还提出重视历史文化和风貌特色保护，具体要统筹协调发展与保护的关系，按照整体保护的原则，切实保护好城市传统风貌和格局；要注重挖掘工业遗产价值，落实历史文化遗产保护和紫线管理要求，重点保护好各级文物保护单位及其周围环境；要做好城市整体设计，加强对重要地段建筑高度、体量和样式的规划引导及控制，突出以近现代工业文化为特色的北方山水城市风貌。抚顺可以在尊重其原有"煤都"形象的基础上，结合抚顺城市发展现实因素和未来期望，重新塑造适宜抚顺的城市形象。抚顺主要工业遗产名录如表 5.5 所示。

表 5.5 抚顺主要工业遗产名录

遗产原有名称	始建时间	遗产现状	遗产原有名称	始建时间	遗产现状
永安桥站	1923 年	延续原有功能	铝厂印刷厂	1954 年	保存一般
滴台火车站	1925 年	延续原有功能	炭矿事务所旧址	1931 年	延续原有功能
水帘洞火车站	1915 年	保存完好	抚顺石油化工厂	1964 年	延续原有功能
章党火车站	1927 年	延续原有功能	红透山铜矿	1937 年	延续原有功能
抚顺东公园	1924 年	延续原有功能	抚顺化工厂	1949 年	延续原有功能
老虎台矿	1901 年	保存完好	抚顺水泥厂	1934 年	延续原有功能
西露天矿	1901 年	延续原有功能	抚顺制纸株式会社	1930 年	延续原有功能
东露天矿	1924 年	保存一般	抚顺煤矿电机厂	1958 年	延续原有功能
胜利矿	1925 年	延续原有功能	新抚钢厂	1958 年	延续原有功能
龙凤矿	1934 年	保存一般	浑河大伙房水库发电厂	1956 年	延续原有功能
抚顺电力株式会社	1908 年	延续原有功能	抚顺特殊钢厂	1937 年	延续原有功能
抚顺炭矿西制油厂	1928 年	保存完好	辽宁发电厂	1957 年	延续原有功能
抵顺案矿东制油厂	1939 年	延续原有功能	抚顺矿务局机械厂	1929 年	延续原有功能
抚顺现矿石胸液化工厂	1936 年	保存完好	抚顺市红砖一厂	1932 年	保存不好
满洲轻金属制造桃式会社抚顺工厂	1936 年	保存完好	抚顺起重机总厂	1966 年	保存不好

5.2.5 本溪——"煤铁之城"

本溪是辽宁省一座重工业城市，全国著名的老工业基地。本溪的传统工业企业主要集中在钢铁冶炼、煤矿开采、冶金机械、有色金属、建筑材料等领域，比较充分地体现了我国在近现代工业化进程中的特点。

随着时代发展与国家"退二进三"等政策的提出，作为"煤铁之城"本溪工业发源地的本溪湖地区留下了一些具有重要价值的工业遗产，它们记录了本溪的工业发展史，承载了几代人为国家工业化艰苦奋斗的精神，是这座工业城市辉煌过往的见证，具有重要价值和研究意义。本溪湖工业遗产群位于本溪市溪湖区，2013 年被国务院列为第七批全国重点文物保护单位。2017 年工业和信息化部公布了 11 处国家第一批工业遗产名单，本溪湖工业遗产群就位列其中。该遗产群以本钢一铁厂旧址为主体，本钢一铁厂旧址代表了近代中国工业发展的一个很特别的类型，属于我国早期工业文明的历史遗迹，经历了清王朝、民国、伪满洲国和中华人民共和国 4 个不同的社会阶段，作为中国钢铁工业发展的最具代表的物质实证之一，更见证了本溪沦为半封建半殖民地和殖民地的历史过程，代表了中国工业化进程中的一个缩影，如图 5.9 所示。

图 5.9　本溪湖工业遗产现状

本溪湖工业遗产群有着非常鲜明的年代分布特征，几乎所有的工业遗产均建造于日俄战争及民国期间，反映了日本对本溪资源的疯狂掠夺的真实情况。其中本溪湖煤矿中央大斜井、本溪湖站始建于 1900～1909 年，日本财阀大仓喜八郎借战争期间发现本溪丰富的矿产资源后，在本溪湖地区非法兴办了本溪湖煤铁公司，至此拉开了本溪近代工业的序幕。同时为了将掠夺的资源运输回国又修筑了著名的安奉铁路。本钢一铁厂始建于 1910～1930 年本溪湖煤铁公司中日合办时期，其冶炼规模和技术均属当时世界领先水准。彩屯煤矿竖井始建于 1931～1949 年，1949 年以后本溪工业生产基本使用上述时期建造的工业设备。

在如今经济产业结构转型和城市快速发展的大环境下，本溪的主导产业已渐渐由煤炭、钢铁加工等重工业转为制药、旅游服务等其他产业。本溪地区一些曾经辉煌的重工业企业在停产后遗留下来的工业遗产虽然具有重要价值，但如果得不到合理有效的保护再利用将成为城市发展的负担。合理的保护与再利用方式将赋予逝去的工业遗产“新的生命”，在传承工业文明的同时又能为城市的经济发展做出自身贡献，对本溪这座正在转型的传统工业城市也具有重要意义。本溪主要工业遗产名录如表 5.6 所示。

表 5.6　本溪主要工业遗产名录

遗产原有名称	始建时间	遗产现状	遗产原有名称	始建时间	遗产现状
大东站	1905 年	延续原有功能	桥头火车站旧址	1940 年	保存完好
沈丹铁路太子河甲线桥梁	1909 年	延续原有功能	田师府荣桥	1931 年	保存一般
安奉铁路兴隆桥	1905 年	保存完好	安奉铁路桥头	1905 年	保存完好

遗产原有名称	始建时间	遗产现状	遗产原有名称	始建时间	遗产现状
本溪湖煤矿	清代	延续原有功能	温泉寺火车站	民国	保存不好
红脸沟煤矿	民国	保存一般	大岭隧道	民国	保存不好
本溪湖煤铁有限公司第二发电厂	1937年	延续原有功能	西岔铅矿坑口	民国	保存不好
本溪湖煤铁有限公司旧址	1912年	延续原有功能	田师傅矿	1952年	延续原有功能
本溪湖煤铁公司事务所旧址	1912年	延续原有功能	暖河子煤矿	1975年	延续原有功能
大仓喜八郎遗发冢	1924年	保存一般	青城子铅锌矿	1978年	延续原有功能
东山张作霖别墅	1946年	更改原有功能	牛心台矿	1924年	延续原有功能
南芬露天铁矿	1908年	延续原有功能	石灰石矿	1970年	延续原有功能
歪头山铁矿	1912年	延续原有功能	桓仁发电厂	1960年	使用中
北台山铁矿	1958年	延续原有功能	北台钢铁厂	1959年	延续原有功能

5.3 辽宁省工业遗产历史演变

通过对中国近现代史、辽宁省近现代史和各主要工业城市地方志的研究，依据不同时期所遗留的工业遗产的创办背景和类别的不同，下面对辽宁省域范围内的近现代工业发展历程进行分期研究。

5.3.1 近代工业初步发展时期

辽宁省近代工业开始于1861年辽宁营口被开辟为通商口岸，老牌英资企业太古洋行在营口牛庄设立榨油工厂。此后，欧洲和美国等看重辽宁省得天独厚的矿产资源和沿海交通优势开始在辽宁省投资办厂，辽宁省在被日、俄殖民扩张和经济侵略时，占领者的主要精力集中在交通设施建设和矿产掠夺上。清朝末期辽宁省的官办、官督商办、官商合办、商办的多种形式工业企业不断出现，官僚资本主义和民营资本主义也有了一定的发展，主要集中在采矿业、榨油业、面粉业等，如抚顺煤矿、营口油坊、铁岭面粉厂等都具备一定的规模和生产能力。这一时期辽宁省主要工业城市所涉及的早期企业大都与铁路运输和鞍山、抚顺、本溪矿业开发相关，到了工矿企业发展后期，为了满足生产和生活需要修建了电力、电信以及自来水等配套工程。现存工业遗产多集中采矿业、制造业、交通运输业等行业，邮电通信业也占有一席之地，工业遗产具有强烈的殖民主义色彩。对辽宁省影响最大的是中东铁路的建设，它的建设完成奠定了辽宁主要城市的交通格局，同时也将矿业生产与铁路运输紧密结合，促进了城市的快速兴起和工业企业的极速扩张。

5.3.2 近代工业快速发展时期

在西方国家忙于第一次世界大战而无暇东顾和国民政府促进政策双重利好的刺激下，辽宁省工矿业获得了良好的发展机遇期。奉系军阀统治时期，辽宁省的民族资本主义企业获得了进一步的发展，采矿业在全国占有举足轻重的地位，纺织业、建材、火柴等行业也有了长足进步，生产方式基本实现了现代工厂的机械生产。在战争影响下，军工企业发展迅猛，初步确定辽宁省工业发展的基础。在这个阶段，辽宁省工业呈现出一大批极具影响力、居于全国领先地位的近代官办、民办军工企业，奉系军阀工矿企业的建设规模和速度都是当时难以想象的，初步形成了军事重工业为龙头的产业特征。啤酒厂、蜡烛厂、卷烟厂等民办企业丰富了工业门类，金属加工、机械加工方面也有发展。张学良主政东北时期，处理与日本帝国主义的关系十分谨慎，采取既妥协又抗衡的策略，主要表现为官办经济与日本殖民经济竞争加剧，矛盾逐步加深。张学良提出"东北新建设"，首先扩建了如沈阳纺织厂、兴奉铁工厂、东北大学工厂等现代化程度较高的工厂和肇新窑业公司；其次支持东北民族工商业的发展，积极引进新技术；再次扩建兵工厂，新建迫击炮厂，支持迫击炮厂生产汽车，准备筹建奉天飞机制造厂和沈阳汽车装备厂。同时大力发展交通运输业，加快铁路建设与日本的满铁相抗衡，整体带动了中国近代民族工业的发展。

5.3.3 近代工业高速发展时期

"九一八"事变后，日本侵略者没收和接管了奉系军阀的大部分军工企业和机械工厂，并将其改组。以铁路系统为例，日本将原东北地区奉系的铁路和民间的铁路进行整合，交由满铁进行统一协调管理，同时把中东铁路收归满铁，成为满铁的资产。在这段时间，日伪政权新建铁路 5000 多千米以期实现满蒙铁路网计划。到抗日战争后期，满铁控制的铁路已达 10000 多千米，构筑了三纵三横的密集铁路网，其铁路里程已占当时中国铁路总里程的一半。

在日本占领期间，为了把辽宁省乃至东北变为殖民地和扩大侵略的桥头堡，日本对东北的工业企业进行统一管理，实施垄断经营，几乎包含了所有的重工业、军事工业以及关系到国计民生的行业。对新兴的工业城市，在统治东北的政策指导下进行了细致的城市规划，并在各城市兴建公路、铁路，大肆掠夺矿产资源，沿铁路线兴建大批日本会社，对煤、铁、液体燃料等重要的基础工业和机械制造业（车辆、飞机、船舶）进行了大规模的投资，发展煤炭、电力、石油化工、钢铁等门类众多的工业行业。伪满时期为了满足战争需要，辽宁省经济成为日本军国主义垄断经济的主要组成部分，其经济总量和经济发展水平在亚洲已处于领先地位，出现重工业急剧膨胀、工矿业生产指数畸高、轻工业发展迟缓、轻重工业发展失调的产业特征。

5.3.4 现代工业快速发展时期

中华人民共和国成立后，辽宁省工业在内战瘫痪的基础上迅速恢复，恢复工作是从军事工业开始的,逐渐达到历史较高水平。1953 年后,鉴于我国重工业极端落后的状况,我国借鉴苏联经验,选择走优先发展重工业的道路。为发挥辽宁省资源、工业基础优势,国家把"一五"建设的重点放在辽宁省,大力发展鞍山钢铁工业,抚顺、阜新的煤矿工业以及本溪、沈阳的机械制造工业。"一五"期间苏联帮助我国设计的 156 个重点项目中有 24 个在辽宁省建设,约占总数的 1/6,分布在沈阳、抚顺、本溪、大连、锦州、锦西(现葫芦岛)、鞍山和阜新 8 个城市。这些工程的建设为我国从农业国家向工业国家转变起到了重要作用,使辽宁省工业布局趋于合理,工业门类建设更加齐全,经济产业飞速提升,"一五"时期辽宁省工业的发展也为实现国家工业化奠定了坚实基础。在冶金工业方面,建立了以鞍山、本溪为中心,包括抚顺、大连等地的炼铁、炼钢、无缝钢管和大型钢材制造、高级合金钢的冶炼、炼铝、炼镁等工业;在机械工业方面,建立了以沈阳、大连为中心的新式机床制造、高效率蒸汽机车制造、冶金设备和矿山机器制造、电气设备和高压输电设备制造、船舶制造等工业;在石油化工方面,建立了分布在沈阳、大连、抚顺、锦西(现葫芦岛)等地的基本化学、人造石油、合成化学以及抗生素、人造纤维等工业;在煤炭工业方面,建立了包括阜新、抚顺、本溪、北票等矿区在内的煤炭生产基地;在电力工业方面,建立了阜新、抚顺、大连等地的火力发电厂。这些骨干重工业项目特别是在原有基础上恢复和新建立起来的一批包括飞机与汽车制造业、重型和精密机器制造业、冶金和矿山设备制造业,以及高级合金钢和有色金属冶炼业等在内的先进工业制造产业,为我国工业培育了新兴的主导产业,如表 5.7 所列。

表 5.7　辽宁省不同时期工业发展

时间	近代工业发展时期			现代工业发展时期	
	清末 (1840~1910 年)	民国时期(1912~1949 年)		中华人民共和国成立后(1949 年至今)	
		奉系军阀统治时期 (1911~1931 年)	日占领时期 (1931~1945 年)	中国工业化初期 (1949~1978 年)	中国工业化中后期 (1978 年至今)
分类	近代工业初步发展时期	近代工业快速发展时期	近代工业高速发展时期	现代工业快速发展时期	现代工业稳步前进时期
背景	英国、俄国、日本进入资本主义萌芽兴起时期	军阀混战、资源掠夺	日本占领经营、沿铁路进行矿产开采、加工、掠夺	苏联工业技术援助,促进工业发展	资源近于枯竭。产业结构单一、技术落后
类别	清政府官办,官商合办	政府官办	日本经济统制,垄断经营	国有企业	国有、民营经济

5.4　工业遗产的空间分布特征

5.4.1　区域集中分布

对辽宁省工业遗产的研究必须跨越城市空间上的局限,把城市作为区域系统的有机组成部分，与周边地区形成上下游的产业联系和政治、经济、文化等各个层面的联系。尤其是工业城市更是与周边地区存在竞争与合作的依存关系，就全局角度看待城市发展，能够更加清晰地了解城市中资源的配置问题，这种配置同样也集中表现为工业遗产环境与空间的形态生成。

在对辽宁省工业城市的调研基础上进行分析可以看出，辽宁省工业发展经历洋务运动、民国、日本占领时期和 1949 年以后的恢复建设时期，每个时期发展的重点都是根据时局的变换，主要以重工业发展为主，其工业布局也是以矿产资源分布和交通运输体系的建立而形成的，形成产业集中发展的态势，其工业遗产也形成了高度集中的分布特征，其中辽中南地区占有较大比例。

特殊的工业发展历程使辽宁省工业分布格局形成了自己的特点。在铁路网络尚未建立之前，辽宁省内水运交通发达，辽河水运是连接吉林、黑龙江的水路连接渠道，辽河两岸工业企业发展较早，近代早期遗产资源丰富；辽宁省海岸线长而曲折，旅顺、营口、大连、锦州等港口城市由于海运便利工业活动集中发生，形成沿海经济产业带，沿海的港口、造船行业工业遗产特点突出。中东铁路的建设对于辽宁省城市格局形成影响是巨大的，辽宁省的工业化和城市化一定程度上是建立在铁路沿线和周边厂矿企业体系发展上的特殊空间格局，南满铁路沿线建立起城市、地区中心城市、铁路枢纽和沿线站点城市等不同层级性质的辽中带状城市群，带动大批工业企业的建设，不同行业的工业区出现聚集效应。规划完善的铁路交通体系极大提高了区域设施资源之间的效率，也为区域发展提供了良好的支持条件。中东铁路作为一种文化现象，其筑路工程和附属地建设以及之后工业城市建设使得其遗产呈现明显的殖民地特征。

抗日战争胜利之后，辽宁省工业恢复迅速，有力地支持了全国解放战争的胜利。中华人民共和国成立后由于辽宁省的地理位置重要性、工业基础的优势、矿产资源的丰富，国家加大了重点行业的专项建设。各主要工业城市都在原有的产业基础上得到了升级，城市也随着重工业基地的建设规模逐步扩大，城市经济布局趋于合理，工业化大城市工业基地的雏形开始显现。大型工业企业的上下游产业集中布局，港口、采矿与机械制造、化工的产业特征鲜明的城市都已集中形成，卓越的科技和高超的技术为辽宁省贡献了大量的工业遗产。

5.4.2　线性分布、辐射性强

在谈及工业遗产分布特征影响因素时，交通可达性是重要的评价指标之一，良性可达交通系统，连接主要的工业资源和交通节点，城市或者地区才具有快速发展的潜力。交通系统对城市的产生、发展的影响是巨大的，由于铁路网的建设导致城市形态发展变化在辽宁省城市发展过程中得到了印证。

经过对辽宁城市发展过程的梳理并结合相关文献资料，辽宁省主要工业城市主要分布在中东铁路线周边，如在长大线（贯穿沈阳、辽阳、鞍山、营口、大连 5 个城市）、沈吉线（沈阳—抚顺）、沈丹线（沈阳—本溪）、新义线（沈阳—阜新）沿线地区，即沈阳、大连、鞍山、抚顺、阜新等城市基本上形成了以沈阳为中心沿铁路线向外辐射的分布格局，其中长大铁路（沈阳—大连段）最为集中，这些大中城市分布着全省绝大多数的中大型企业，特别是分布着在全国举足轻重的大型骨干企业，由南向北形成沿中东铁路工业遗产分布带。一方面，自然条件的差异深刻地影响着辽宁省各城市的工业发展，尤其是资源优势，如鞍山是全国最大钢铁工业基地之一，"煤都"抚顺富产煤炭，也是全国最大的石油加工中心，"煤铁之城"本溪工业历史悠久，拥有亚洲最大的露天铁矿——南芬铁矿，是国家重要的原材料工业基地；另一方面交通运输方面的发展也影响了各城市的工业发展，为了便于对资源的开采和运输，当时的殖民统治者在沈阳、大连、鞍山、营口、阜新、抚顺、辽阳等地修建铁路，加速了这些城市的工业发展；大连、营口等沿海城市因其优越的地理位置成为发展航运、船舶制造业的首选之地。

从历史的维度，就辽宁省工业遗产资源分布和城市资本扩张层面来看，良好的经济指标支撑了城市设计实践，也极大地影响了城市的空间配置。由工业所产生的大量建筑、生活设施形成了城市空间形态及活动的核心区，其功能也伴随着用地的调整和交通形态的转变而变化，这一切都取决于城市交通体系所体现出的动态特征。

5.4.3 历史延续性分布

俄国文学家果戈理说过："城市是一本石头的大书，每一个时代都留下光辉的一页。"城市历史文化资源是对地区时间的认知，包含近代时期人们对地区改变的结果。对于工业城市文化而言，特征是表现其主要结构和性质并区别于其他的明显性要素，是地域、文化、社会、传统等因素的综合精华。

辽宁省工业遗产的历史可以追溯到洋务运动时期，不同的时间阶段，工业和城市呈现出鲜明的时代特性，工业遗产最为突出的是日本接近 40 年占领时期，日本特殊会社对工业和城市的发展政策进行了很大干预，大型的矿业企业和城市发展形成以重工业为主的城市格局。另外在"一五""二五"的现代工业建设初期，辽宁省由于其雄厚的工业基础和良好的产业工人队伍，得到中央政府的大力扶持，工业在短时间内成片高速发展，我国工业领域的若干个第一也使得这一时期的工业遗产主要集中于这一阶段，真实地反映出辽宁省工业遗产的历史传承性，尤其体现在铁路和采矿业的经营主体转换上。

工业遗产要素是辽宁省城市发展历史的片段和佐证，它以物质形态诠释历史，作为历史和遗迹形态的工业遗产资源已然与当下的城市物质空间环境有机地融合在一起，并受到社会文化的多方面影响。从现状调研来看，尽管越来越多的工业遗产失去生存的空间，这些具有时间延续的历史文化资源往往是以转化的形态而存在的，城市中环境肌理、尺度、设施同样是历史文脉得以保留的明显要素。

在辽宁省 100 多年的近现代化工业发展历程中，沉淀下特色鲜明的工业遗产，主要集中于近代工业产生、发展和规模形成阶段，其工业遗产特征为集中分布、辐射性强，历史延续性强等，如表 5.8 所示。

表 5.8　辽宁省工业遗产现状特征

现状特征	形成原因
区域集中程度高	围绕矿产资源分布和交通运输体系而建立，城市集群提高了区域设施资源之间的效率
线性分布、辐射性强	良性可达交通系统，连接主要的工业资源和交通节点，主要工业城市主要分布在中东铁路线周边，如在长大线、沈吉线、沈丹线、新义线沿线地区
历史延续性特征突出	大型的矿企业和城市发展形成以重工业为主的城市格局，铁路和采矿业的多次经营主体转换持续扩大了重工业的影响力

5.5　本章小结

  本章从辽宁省工业城市工业发展和城市空间形成的基本认知出发，回顾了辽宁省近代工业发展的主要历程，选取几个重点工业城市，探讨不同城市风貌特色的形成背景因素，从工业遗产现状和遗产特征两个层面充实完善较为完整的辽宁省工业遗产保护再利用的基础数据，为下一步设计实践提供类型上的选择。

  首先，从工业城市、工业企业、工业建筑三个层级分析了辽宁省工业遗产的主要构成，结合城市产生背景、企业与城市形态的关联以及工业建筑与遗产风貌区的进化性融合，用以解释和发现城市的复杂工业历史。

  其次，有针对性地对重点工业城市的工业发展与遗产状况在现场调研的基础上进行了解读，分析每个工业城市个体形成遗产特殊性的影响因素。一方面帮助之后的城市设计实践从城市整体发展的角度，联系城市复兴与工业遗产保护再利用空间行动，积极应对地区面临的机遇与挑战，优化城市空间及其相关资源的配置；另一方面提升设计人员对城市复兴和工业遗产保护再利用的理解与认识。

  再次，依据不同时期所遗留的工业遗产的创办背景和类别的不同，对辽宁省域范围内的近现代工业发展历程进行了分期研究。

  最后，以整体性思维，按时间脉络对辽宁省工业发展进行了详细的梳理，明确近代工业产生、发展和规模形成阶段及其过程中的资源、交通和社会变革之间的建设性关系。在此基础上，确认辽宁省工业遗产的主要特征为沿海、沿交通线集中分布，辐射性强，历史延续性强，重工业发展迅速等。

第6章

辽宁省工业遗产价值评价

6.1 价值评价原则与构成

6.1.1 评价原则

工业遗产评价的主要目标在于能够精准认知和还原遗产本身所包含的完整信息。国内外学者的相关研究主要是将工业遗产资源的珍稀性和重要性加以表达，尤其是工业遗产在国家和地区工业发展的地位，这种关于遗产价值的量化研究主要以定性为主。很难对工业遗产的价值评价确定严苛的方法和标准，评价的客体不同，评价所在的历史语境的差异性都决定了评价主体在多学科、多领域融合的基础上建立工业遗产的评价方法。本书采用定性和定量的分层级研究方法，结合价值因子评价方法，探索整体性的综合价值，从而确定工业遗产的价值等级，为辽宁省城市复兴提供科学决策的参考。在充分借鉴相关学者研究的基础上，结合辽宁省工业遗产的现状特征和文化遗产保护的评价体系，笔者认为评价工业遗产应按代表性、相对性、科学性和全面性原则展开，具体如下。

（1）代表性原则

影响工业遗产价值的因素较多，经济、社会、历史、科技、艺术等单项价值都对整体价值评价产生影响，有些工业遗产的技术价值突出，有些工业遗产的社会价值明显，在评价上要考虑评价指标的优先级，作为代表性的评价因子。

（2）相对性原则

工业遗产的相对性是对文化遗产的客观评价，相对性表现为各个城市工业的发展和不同的历史阶段的差异性。举例来讲，某一类型工业遗产在其他城市可能是不重要的，但它的出现可能是这个城市的工业起源，那么它的价值应该得到应有的尊重。另外，城市之间、行业之间的工业遗产价值和意义都有所不同，即使一个城市、一个行业也存在不同的发展阶段，所以应把工业遗产放到更大的空间和时间中去研究，既要考虑工业遗产在全国、全世界的作用和地位，又要考虑它在工业发展史当中的位置，只有这样才能够形成客观的评价。

（3）科学性原则

工业遗产的核心价值就是它所反映出的技术价值，科学性原则要求对工业企业所使用的技术手段包括工业企业的规划建设、建造技艺、工艺流程、设备机械等进行完整的梳理，无论是引进的还是自主发明的技术设备，都应得到理性和科学的评判。

（4）全面性原则

工业遗产的评价既要考虑良性价值部分，也要考虑工业遗产的负面价值部分，在大力保护工业遗产的同时，也应注意到工业给自然生态所造成的污染问题、给社会带来贫富两极分化问题等。工业遗产价值的全面性就应该评价工业的全部内容，其中包含城市工业的畸形发展状况和发展工业带来的地质灾害、土壤和空气污染问题，这也是由工业遗产本身的复杂性所决定的。

6.1.2　价值构成

（1）历史价值

工业遗产是工业发展不同阶段的历史遗存物，具有鲜明的历史信息和时代烙印，见证了工业城市的建设和演进进程。通过工业遗产的历史价值能够突破时间和空间的限制，了解过去历史时期的社会发展水平、科技水平、生活方式等，可以看到工业遗产在解释遗产历史背景、还原历史事件、传递历史信息等方面具有特定的意义。

短短百余年的辽宁省近现代工业历史反映着中国近代社会变迁，优秀的工业遗产能够反映工业城市的发展历史，在产业发展史上具有代表性的工厂设施等包含较高历史、艺术、科学技术价值，工业建筑和工业遗迹更是体现城市风貌特色。这些遗产具备年轻化特征，甚至这些所谓的遗产还处于生产和使用的过程当中，对遗产的认知应该更具前瞻性，也就是当时历史条件下处于早期和开创性的工业遗产具有独特的历史价值。历史价值主要从工业遗产的年代是否久远，是否有重大历史事件和历史人物相关进行评价。在历史价值评价标准中，整体分为历史年代和历史事件、相关人物两部分。评价标准主要如下：① 能够突出实践和空间界限，能够突出体现特定历史时期下的社会风气、生产和生活方式等；② 工业遗产企业内发生过的重要历史事件和重要模范人物，对现今均有一定影响。

（2）科学技术价值

科学技术是工业产业发展的重要推动力，科学技术价值也是工业遗产区别于其他类型文化遗产的根本区别。行业的开创性、生产工艺的先进性和工程技术的独特性、先进性是在价值评价的过程中必须重视的。科学技术价值既包括传统的生产工艺，也包含现代的生产工艺流程和科技创新。传统工业当中的工艺传承具有重要的产业价值，现代科技成果转化的里程碑事件和在产业发展中具有历史意义的技术、工艺、设备、材料等都是工业遗产技术价值的重要内容。由于文字记载的片面性和抽象性特点，技术的历史会随着时间的流逝而变得模糊，工业遗产的保护则为找回失去的技术记忆提供了可能。在工业遗产保护的过程中，如果生产设备和生产线被破坏或搬离，将造成工业遗产原真性、独创性、完整性、合理性的缺失。这些工业遗产具有跨学科、跨行业的特点，是不同历史时期社会生产力的发展状况、科技水平的最好体现，如果在保护再利用过程中将工业遗产的建筑空间和设备、生产线及技术特征予以保留，并将其活化利用，工业遗产的价值体系将更加完整。保护工业遗产为后来者研究可持续发展的脉络、科学方法提供保障。科学技术价值主要从工业遗产的行业领先性或者技术的先进性、领先性进行评价。

科学技术价值评价分独特性和稀缺性两部分，评价标准如下：①在现有工业遗产中，其技术的领先性；②其建筑、设备和生产工艺的代表性。

（3）社会价值

工业生产作为工业时代人们生产和生活的重要组成部分，工业遗产记录着这些活动，蕴含着历史、政治、经济、文化、艺术、哲学对工业生产影响等方面丰富的信息，工业遗产的社会价值被全社会共同认可。工业企业是城市政治、经济、文化、社会发展的重要组成部分，企业存在于社会中，是社会发展到一定阶段的产物，社会价值是工业遗产综合性的体现。工业企业的各种调整、改变都是社会发展的必然结果，工业企业也能够从一个侧面反映出国家、城市在不同的发展阶段，在政治制度、经济构成、产业政策、社会生活、价值观念等方面的演进，每个企业都是行业的缩影，具有对社会价值评判的样板意义。

《下塔吉尔宪章》对于工业遗产再利用方面也提出社会责任和社会情感问题，工业遗产较为清晰地记载了各个历史时期工业企业的社会责任，在工业遗产再利用的使用功能上应注意与功能的相关性，能够给予城市居民良性的心理暗示，形成城市特有的精神气质，因此工业遗产的保护具有稳定职工心理，保护职工情感的作用。尤其是一些工业城市是伴随着企业发展而来的，长期工作于此的建设者、技术人员，以及服务于工业企业的劳动者，对工业企业的情感是真挚且难以割舍的，工业遗产对当地人民具有特殊的社会情感价值。社会价值评价主要从社会责任、社会情感和工业遗产是否推动城市发展以及对当地经济、社会的影响方面评价。

社会价值评价标准整体分为社会发展贡献和企业文化认同两部分，主要如下：①工业企业是否在城市发展中对社会做出过重大贡献，在城市企业中是否拥有较高地位；②工业遗产具有对社会发展阶段的认识作用、教育作用和公证作用，对社会群体的精神意义和认同感。

（4）设计审美价值

工业遗产的价值特征充分表达了对机器美学的尊重，工业企业的规划和城市空间的关联性使得工业建筑多由著名建筑师和规划师进行设计，设计功能合理，工业建筑和生产设备体现出鲜明的生产特征，工业遗产符合工业社会对于工业先进性和复杂性的设计理念，如产品领域的机器美学和建筑领域的高技派都是社会对工业有了更高的设计美学意义上的认可。由于工业遗产体量从遗产群到单体建筑到再工业产品几乎涵盖了工业的全部内容，城市环境空间的合理性、建筑的实用性、产品设计的功能化在这里集中艺术化体现。它的设计审美价值也是保护再利用的集中所在，设计价值是其最直接、最感性也最生动的载体。只有让公众对工业遗产的设计需求逐渐升华，自觉守护工业遗产，它才能具有更加强大的生命力。

审美价值评价标准整体分为产业风貌和建筑美学两个部分，具体如下：①厂区规划、工业建（构）筑物、设施设备所体现出的产业特征和工艺流程，是否形成独特遗产空间风貌，是否具有重要的景观和美学价值；②工业遗产建筑所体现的建筑风格、流派、特征，其形式、体量、色彩、造型、装饰、结构等方面是否表现出强烈的机械美学和后现代美学意义上的设计学价值。

（5）经济价值

工业遗产的经济价值主要体现在区位价值和再利用价值两个方面。在区位价值方面，由于工业布局的特性所导致，工业区规划多采用集中式和分散式布局在城市中心区或城市周边，这也与城市的定位、交通、资源等因素相关。但随着城市化进程的加快，城市规模迅速扩大，原来意义上的"城市边缘"已然成为城市中心区，文化创意产业和高新技术企业聚集效应明显，工业企业拥有的土地价值得到了大幅提升，从而使工业遗产的经济价值凸显。

工业建筑和设备在其建设之初投入了大量的人力和物力，保护再利用能够使工业遗产免于被拆除的命运，在可持续发展理念的指导下，将结构坚固、空间大、层高高、内部空间使用灵活的特征加以利用，植入新的功能，结合城市功能转换和优化，既能够避免资源的浪费，又可以节省新建建筑和物质环境所需的大量资金投入。经济价值应主要从工业遗产的区位优势、再利用的经济潜力、投资等方面加以评价。

经济价值评价标准整体分为区位和结构、空间利用两个部分，评价标准如下：①工业遗产所处空间位置，对再利用开发不同程度的影响；②建筑的安全性与周边用地的协调性发展。

工业遗产所凝聚的是近现代工业时期经济、社会、技术、文化等诸多方面的信息，保留工业遗产开展工业旅游，建设成工业博物馆或其他与工业相关的文化设施能够带来巨大的经济效益。

6.1.3 综合评价

需要明确的是，工业遗产的价值评价是综合的，不是只考虑工业遗产的单项价值。工业遗产本身的价值可能并不直接体现在经济、技术价值等方面，而是反映为其他价值，比如社会价值。对工业遗产进行价值评价有利于保持工业遗产的全面性，既包括"优点"的部分，也包括"缺点"的部分，这些都是工业遗产的代表性内容。对于工业遗产的完整认识是在多学科、多领域人员介入的条件下逐渐形成的，这也就跳出了仅从美学或者历史价值单一评价的怪圈。现阶段我国评估依据基本以文物法规为准，评价历史价值、艺术价值和科学技术价值，2015 年修订的《中国文物古迹保护准则》增加了"社会文化价值"。

《下塔吉尔宪章》指出，工业遗产的价值包括历史价值、社会价值、科学技术价值等。之后的国际会议和各类宪章和建议中对工业遗产的定义将审美价值和社会价值予以重点指出。国内学者刘伯英提出工业遗产的价值由历史赋予工业遗产本征价值和再利用价值两方面构成；朱强提出将遗产价值和企业价值叠加的方式进行评价；李和平提出将独特性和稀缺性价值纳入评价体系，以保护城市中比较独特的工业遗产；夏健提出基于城市特色的工业遗产保护框架，以期将遗产保护和城市特色塑造结合起来。可见，工业遗产的价值大多是从历史、科技、经济、社会和设计等多角度进行综合判断的。对工业遗产的价值综合评价，一直是工业遗产保护研究的核心问题。根据现有文献分析归纳可以得出工业遗产的价值评价应加强与工业遗产相关信息的收集，从工业遗产的完整性、客观性、代表性进行评价。

6.2 辽宁省工业遗产价值总体评价

6.2.1 整体性评价

辽宁省工业遗产厚重、独特且不可复制，不仅是承载辽宁省近现代工业发展进程的物质载体，而且反映了整个东北地区工业遗产价值的整体特征，它是辽宁省大多数工业城市工业文明的重要组成部分。

辽宁省拥有优越的地理位置和丰富的矿产资源，使辽宁省成为中国近代民族工业的发源地之一。19 世纪末 20 世纪初，辽宁省采矿业、机械制造业、军事工业和其他轻工业等官办、外资企业迅速崛起。20 世纪 30 年代以后沦为日本帝国主义的殖民地；中华人民共和国成立前初具以钢铁、采煤、发电、炼油为主的工业基地雏形。中华人民共和国成立以后，作为我国"工业的摇篮"，辽宁省诞生了第一炉钢、第一个金属国徽、一架飞机等 1000 个我国工业史上的第一（图 6.1），这里最早建立起全国重工业基地和军事工

图 6.1　我国第一个金属国徽和沈阳重型机械厂

业基地。例如：本溪湖工业遗产群一号高炉是我国最早的炼铁高炉之一；建于1923年的沈阳奉天纱厂是当时东北地区规模最大的纺织企业，鞍钢炼出我国第一炉钢水，生产出我国第一根钢轨、第一根无缝钢管；始建于1883年的旅顺船坞是近代中国船舶工业"四局两坞"之一，在那个年代被称为"远东第一大坞"，如图6.2所示。所有这一切都表明辽宁省工业技术的领先和进步。

图 6.2　旅顺船坞

辽宁省是我国开始工业化最早的地区之一，是我国工业化进程的缩影和典型代表，其齐全的工业门类和雄厚工业基础使辽宁省成为东北地区最为重要的重工业基地。辽宁省工业城市重工业特征明显，鞍山市以钢铁生产最为著名，被称为"共和国钢都"；抚顺素有"煤都"之称，是一座以资源闻名世界的现代工业城市；本溪是东北老工业基地，矿藏丰富，被誉为"地质博物馆"，是我国著名的钢铁城市，也是以钢铁、化工为主的综合性工业城市；沈阳是国家先进装备制造业基地和国家历史文化名城，素有"一朝发祥地，两代帝王都"之称；大连在日本占领时期工业基础设施十分完备，工业基础胜过日本本土的川崎和广岛，大连同时也是重要的军事工业和化学工业基地。

辽宁省工业遗产主要包括前面提到的工业城市、工业企业和工业建筑。建筑方面多是19世纪末到20世纪中期的建筑和工业设施，建筑以日俄殖民地风格和苏联建筑设计风格为主，有一部分现代主义设计风格的建筑。大尺度的工业建筑和技术先进、形态各异的生产设备成为独特的工业景观，也是城市地标之所在。工业美学、机器美学成为现代审美的重要组成部分，对传统意义上的艺术属性认知得以扩展，经过建设者智力思考物化后的工业景观文化气息形成的工业遗产震撼程度是其他类型遗产无法比拟的。辽宁省工业建筑遗产存在着诸多建筑精品和当时历史时期先进的机械设备、生产线等，例如位于沈阳的东三省兵工厂的办公楼，沈阳铁西东塔、铁西工人村（图6.3）等，代表了辽宁省乃至全国工业建筑和城市规划的最高水平。

图 6.3　铁西工人村

6.2.2　独特性评价

　　辽宁省是我国重要的重工业基地和历史文化名城众多的省份，工业城市占比较大，百余年来的辉煌而艰辛的发展历程积累了大量的工业遗产。辽宁省工业遗产除具备工业遗产一般价值外，还具有的价值特征包括门类齐全、数量众多（社会价值）、重工业特征显著（技术价值）、历史延续性强（历史价值）、工业遗产聚集效应明显（设计价值）等，如表 6.1 所列。

表 6.1　辽宁省工业遗产价值特征

遗产价值	价值特征	具体表现
社会价值	门类齐全、数量众多	行业涉及采矿、钢铁、煤炭、化工、造船、军事、冶金、棉纺织等
技术价值	重工业特征显著	南满铁路沿线、大连造船厂、铁西工业区、黎明发动机、本溪湖工业群、海州煤矿、旅顺船坞、鞍钢等重工业属性明显
历史价值	历史延续性强	经历多个发展阶段，部分仍在使用
设计价值	工业遗产聚集效应明显	鞍钢集团厂区、抚顺西露天矿区、本溪湖钢铁工业区、沈阳铁西工业区

（1）门类齐全、数量众多

　　辽宁省的工业基础雄厚，早在洋务运动时期就开始发展近代工业，行业涉及采矿、钢铁、煤炭、化工、造船、军事、冶金、棉纺织等。中华人民共和国成立以后，国家加大对东北地区的战略投资，在全国的支援下，辽宁省在区域比较优势的基础上成为当时国家重点建设的重工业基地。几十年的时间里，在原有工业产业格局的框架上，沈阳、大连、鞍山、抚顺、本溪、营口、阜新、辽阳等城市建设了一大批具有较高工业化水平的重化工业基地，为全国工业化和国民经济发展做出了重要贡献。所涉行业包括能源、冶金、机械、石油化工、交通运输、军事工业、造船等在内的工业企业，形成了门类齐全、数量众多的工业基地。后来大量工业基地由于产业调整和市场竞争加剧停止了生产活动，留存下大量的工业遗产。

（2）重工业特征显著

辽宁省是我国重要的重化工业基地，也是由辽宁省自身资源条件和历史背景所决定的。辽宁省早期以矿业、油坊、酒类、面粉等产业民族资本工业萌芽，民国初年为了适应时事发展，大力发展采矿、机械加工、造船、军事工业、交通运输行业。在日本军国主义殖民统治时期和长期战争背景下，辽宁省工业畸形发展、以初加工产品为主。"九一八"事变以后，日本资本控制了东北经济，军事工业被置于压倒一切的地位，基础产业——钢铁工业也确定在辽宁省，对鞍山、本溪的钢铁工业、阜新的煤炭等战争资源进行了掠夺和开发，辽宁省的采矿、冶金和机械等重工业高速发展。中华人民共和国成立后，经历了恢复和过渡阶段，进入了工业化中兴阶段，"一五"计划的实施，辽宁省以重工业为基础的工业基地形成。现阶段诸如南满铁路沿线、大连造船厂、铁西工业区、黎明发动机、本溪湖工业群、海州煤矿、旅顺船坞、鞍钢等重工业属性明显的工业遗产被保留下来，这些工业遗产反映了辽宁省重工业的辉煌历程。

（3）历史延续性强

辽宁省各时期的工业遗产具有很强的历史延续性。洋务运动时期，辽宁省各地官办、官商合营、官督商办的工业企业居多。第一次世界大战期间，官商资本、外资与民族资本兴办的采用机械动力的军事工业、采矿、交通运输、粮食加工的产业发展迅速。奉系军阀统治时期，军工、采矿、造船业等军事特征浓厚的企业处于主导地位。1932年到中华人民共和国成立前，辽宁省工业呈现日本殖民经济形态，殖民当局实施经济统制，进入了战时经济体制时期，军工、采矿、金属冶炼畸形发展，农副业和轻工业被无情打压，国民经济失衡。中华人民共和国成立后重点工业企业呈现出以重工业为基础，计划经济为主导和苏联援助的特点。具有代表性的南满铁路沙俄建设、日本扩展、我国恢复和提高反映了辽宁省工业的历史延续性强的一个侧面，很多辽宁省工业遗产都经历了奉系军阀统治、日本殖民时期、"一五""二五"建设时期等不同阶段，历史延续和断代特征突出。

（4）工业遗产聚集效应明显

辽宁省是我国最重要、最完备也是最为集中的工业区，由于技术基础雄厚、能源原料便宜、工业项目齐全、交通便利等发展工业的优越条件，工业发展向大型城市集中。由主要交通路网形成串联，工业聚集区或产业带分布在其周边，形成了大型工业区和资源型工业城市的集合，例如鞍钢集团厂区、抚顺西露天矿区、本溪湖钢铁工业区、沈阳铁西工业区等区域范围内拥有极为庞大的工业遗产集群，涵盖着众多行业的工业遗产。由于城市用地调整和工业外迁的产业政策变化，城市肌理和城市风貌形成了城市的独特标志，老工业区工业生产的建（构）筑物、设备形成行业特征明显的工业景观。

6.3 辽宁省工业遗产价值分级评价

6.3.1 层级分析法

层级分析法（Analytic Hierarchy Process，AHP），是一种将定性与定量相结合确定因子权重的科学决策方法。层级分析法通过将与决策目标有关的因素分解成目标、准则、方案等层次，在此基础之上进行定性和定量分析。该方法是美国运筹学家匹茨堡大学教授萨蒂于 20 世纪 70 年代初，在为美国国防部研究"根据各个工业部门对国家福利的贡献大小而进行电力分配"课题时，应用网络系统理论和多目标综合评价方法，提出的一种层次权重决策分析方法。这种方法的特点是，在对复杂的决策问题的本质、影响因素及其内在关系等进行深入分析的基础上，利用较少的定量信息使决策的思维过程数学化，从而为多目标、多准则或无结构特性的复杂决策问题提供简便的决策方法。层级分析法的基本思路与复杂决策问题的思维判断过程大体一致，尤其适合对决策结果难以直接准确计量的场合。运用层次分析法，大体可分为以下三个步骤。

步骤 1：分析系统中各因素间的关系，对同一层次各元素关于上一层次中某一准则的重要性进行两两比较，构造两两比较的判断矩阵。

步骤 2：由判断矩阵计算被比较元素对于该准则的相对权重，并进行判断矩阵的一致性检验。

步骤 3：计算各层次对于系统的总排序权重，并进行排序。

最后，得到各方案对于总目标的总排序。

层次分析法之所以适合解决辽宁省工业遗产价值评价与保护更新的协调性问题，主要基于以下三个方面。

① 层次分析法作为一种可解决多目标问题的综合评价办法，可改善辽宁省目前价值评估过程中影响因子考虑不全面的问题。工业遗产是包括历史、环境、事件、人文、情感等多方面的综合体，在评价过程中，忽略任何一个因素都可能造成价值评估的不准确。综合价值评估指标体系的缺乏，无法保证工业遗产价值评估的全面性。如果以层次分析法为基础，以辽宁省工业遗产现状为依据，建立价值评估因素阵，不仅能保证对象评价的全面性，也能最大限度地减小综合价值评估结果的误差。

② 层次分析法将定性分析与定量分析相结合，将调研内容通过技术手段转化为具体分值进行评价，从而保证评价的相对准确与客观，进而为工业遗产的保护再利用提供有力的数据依据。辽宁省当前工业遗产价值评价与保护再利用连接措施的缺乏，直接导致保护再利用与价值评价脱节，量化的价值评价结果将彻底改变人们对工业遗产更新强度的感性判断方式，综合评价指标的分数越高，遗产价值越高，其保护的要求力度就越大。

③ 层次分析法的系统综合评价模式不仅适用于工业遗产的价值评价，同样为工业遗产保护再利用方案评估体系提供数学模型。大多数工业遗产保护再利用方案的选定通常是由政府及其聘请的专家讨论商议决定的，其主观判断倾向较重，评估过程较为"形式

化"。而以层次分析法的数学模型为基础建立工业遗产保护再利用评估体系，为保护再利用方案的评定部门提供了一种客观精确的判断模式，这种模式能极大地避免个人主观判断对方案评选造成的影响，提高方案评估的科学性。

6.3.2　分层级评价

工业遗产的物质价值和非物质价值的定量评价具有一定的科学性，基于这一研究成果建立评价标准体系对于辽宁省域整体工业遗产保护具有较强的指导意义。由于辽宁省工业遗产具有分布广泛、类型多样、价值特殊的特殊性，其遗产评价应注意采用分层级评价的方法。根据层级评价方法评价辽宁省工业发展的历史特点。辽宁省工业化历史经历了 150 年，浓缩了中国工业全部发展阶段，而且将各个阶段的发展特征表现得极为充分。在其自身发展过程中，资源优势、交通便利、政治更迭等一系列影响因素形成辽宁省具有较高工业化水平的重化工业基地。由于历史的原因，工业城市沿铁路、港口发展特征明显，产业的相关性导致工业城市聚集区的形成，另外超大型工业企业集团的区域性工业文化风貌特征明显，其构成元素复杂性和多样性也是辽宁省工业遗产评价体系必须面对的。工业遗产构成具有整体性和层次性特征，有必要从工业遗产本体（工业企业、工业建筑、设施设备）和工业遗产集聚区（工业区域、工业城市、工业聚集区）两个层次对区域内工业遗产综合价值进行评价。每个层次根据相应价值标准制定评价体系，具体来讲，工业遗产评价运用定量与定性相结合的方法，从历史赋予的本体价值和保护再利用的实际价值两个方面分别进行系统的价值评价，然后综合这两个方面进行工业遗产的整体分级：工业遗产集聚区评价主要运用定性评价方法，利用 GIS 空间分析技术确定工业遗产集聚区，并以工业遗产评价结果为依据，对工业遗产集聚区进行定性评价。

采用从宏观到为微观的系统调查评价方法，从工业区域、工业城市、工业聚集区、工业企业、工业建筑、设施设备六个层级遴选工业遗产，如表 6.2 所示。

表 6.2　辽宁省工业遗产六个层级评价体系

评价体系层级	评价内容
工业区域	工业城市集群的整体风貌如沈阳经济区和沿海经济带
工业城市	城市工业发展的地位和特点，工业城市的历史脉络
工业聚集区	区域内工业企业数量、规模以及历史建筑、厂房、设施设备
工业企业	能够代表城市工业水平的重点企业
工业建筑	建（构）筑物、设施设备等遗存经济的、社会的、历史的、技术的审美价值
设施设备	生产技术方面的价值，明确其先进性、稀缺性

第一层级是整体评价工业区域如沈阳经济区和沿海经济带的工业遗产价值及特征，以及工业城市集群的整体风貌。通过辽宁省产业的发展模式、产业结构、经济体制、政权和外生变量的研究，发现城市群价值形成的原因和未来发展趋势。辽宁省的重工业城市群不光有国家和地方政策的原因，也是在其资源和交通便利的优势的基础上持续发展

起来的，历经从民国时期到日本侵略时期，再到中华人民共和国成立重工业基地形成。

第二层级是在区域范围内对工业城市的工业历史过程和工业遗产整体特征加以梳理，寻求城市工业的性格特质和发展动力。工业城市的发展离不开多行业的共同发展，每个城市工业化的水平和开始的阶段也不尽相同，工业城市遗产必须能代表城市工业的历史地位和特色，遴选出的工业遗产要能较好地代表城市工业发展的地位和特点，延续工业城市的历史脉络。

第三层级是工业聚集区如沈阳铁西工业区、大东工业区等工业企业分布密集区域，以沈阳大东工业区为例，包括黎明发动机制造公司（东三省兵工厂）、东基集团公司（奉天南满兵工厂）、新光机械厂、五三工厂等，这些工业企业现存的大量工业历史建筑、厂房、设施设备仍在使用，可以感受到工业聚集区曾经的辉煌。

第四层级是能代表城市工业水平的大型工业企业。鞍山、抚顺、本溪应该着重在鞍钢、抚煤、本钢等大型工业企业当中普查工业遗产；滨水码头区、港区、船厂是依托交通运输业发展的城市，如大连、营口、丹东等是交通运输业的典型代表，这些区域的重点企业存在大量遗产分布；冶金、矿山行业特点鲜明的企业和鞍钢、本钢等大型钢铁集团也是调查和评选的重点对象。

第五层级是工业建筑遗产评价。辽宁省的很多工厂规模宏大，真实和完整地保留场地环境是最佳的选择，同时对建（构）筑物、设施设备等遗存从经济的、社会的、历史的、技术的、美学的价值等方面进行评价，从建筑设计风格和建造技术方面对重要历史建筑进行评价，尤其是新风格、新材料、新技术、新结构、新工艺的发掘使工业遗产在工程方面具有科学技术价值。

第六层级是工业设备的价值评价，主要借助技术史和产业发展史的研究，梳理出历史上代表性的设施设备，将一些先进性、稀缺性的设备信息予以明确，重点研究其在生产技术方面的价值。

整体六个层级评价体系建立的步骤是先从国家层面对省域内的产业格局、城市定位进行明确，然后对工业城市的工业化历程和工业化水平进行梳理，确定城市工业发展过程中形成的工业区及历史和现存的具有代表性的企业，对现存的工业建筑和工业设备的稀缺性、真实性和完整性进行评价，完善遗产信息，评出具体的工业遗产。前三个层级如工业城市区域、工业城市与工业聚集区在价值评价过程中有一定的主观性，可以采用定性评价，注意工业遗产的完整性、领先性、稀缺性；后三个层级如工业企业、工业建筑和设施设备采用定量评价的办法，针对其历史、经济、社会、科技、美学价值进行综合比较。

时间久远的工业遗产具有稀缺性，赋予工业遗产珍贵的历史价值，不同的时代记忆体现在不同时期遗存下来的工业遗产建（构）筑物及企业本身的历史底蕴当中。历史上辽宁省在俄、日占领时期和中华人民共和国成立初期都进行过大规模工业建设，具体表现以冶金、采矿、化工、造船、交通等为代表的重工业发展迅速。辽宁省也是全国著名的重化工业基地，工业发展历史悠久，工业企业的历史延续性强，所以，工业遗产的选择因考虑时间因素，既要考虑行业在城市发展中的地位与作用，又要考虑工业遗产的历史长度，代表性和持续性成为价值选择的依据。

6.4　本章小结

本章介绍了辽宁省工业遗产价值评价以及评价原则；建立了辽宁省工业遗产价值评价体系。

首先，一般意义上工业遗产的价值表现为历史、社会、科技、艺术等方面，结合辽宁省工业遗产的现状特征和文化遗产保护的提出评价原则及价值构成，认为评价辽宁省工业遗产价值应从综合性评价展开。

其次，由于辽宁省工业遗产具有价值整体性和层次性鲜明的特征，因此，本研究按范围将其分为工业区域、工业城市、工业聚集区、工业企业、工业建筑、设施设备六个层级，前三个层级关注定性评价，后三个层级采用定量评价。辽宁省工业遗产除具备工业遗产一般价值外，还具有的价值特征包括门类齐全、数量众多（社会价值）、重工业特征显著（技术价值）、历史延续性强（历史价值）、工业遗产聚集效应明显（设计价值）等。

最后，根据层次分析法进行了辽宁工业遗产的分层级评价。

第7章

辽宁省工业遗产保护
再利用策略与设计框架

通过对辽宁省工业遗产分布广泛、类型多样、价值特殊的遗产属性和城市现状的理解及综合，以整体性和战略性的思维构建设计框架，把相关理论及其遗产价值落实到空间层面，并将其作为城市设计和遗产项目建设的依据。对于辽宁省工业遗产评价从规模上采用分层级评价的方法，辽宁省基于城市复兴的工业遗产保护再利用策略与设计框架也采取有针对性的分层级设计研究与之对应。

7.1 辽宁省工业遗产保护再利用策略

7.1.1 保护再利用的基本原则

第一，保护的真实性与完整性原则。真实性与完整性是保护的核心原则，两者互为依托，真实性是工业遗产价值存在的前提，没有真实性，工业遗产就失去了核心价值，完整性也就无从谈起；完整性是真实性的基础，缺失了完整性，真实性也会大打折扣。坚持规划过程中注重原址、原貌整体保护，努力实现工业遗产功能与工艺流程完整性的保护。保存历史遗存的原生状态，保护历史信息的真实载体是首选措施，由于异地保护割裂了工业遗产与所在环境之间的关系，因此完整性和真实性会受到极大的破坏，不建议实施。

第二，分级保护原则。编制省域范围内工业遗产的总体战略性规划到具体城市的专项规划和工业企业的详细规划。由于不同工业遗产的规模和等级存在差异性，因此在设计层面采取分层级的保护规划，用以实现工业遗产城市群与单个工业遗产关联性的有机结合。从宏观和微观两个方面的紧密结合完成对工业遗产保护规划的物理空间进行合理的界定，使其规划的针对性加强。

第三，保护与再利用相结合原则。放弃福尔马林式的保护模式，积极活化工业遗产，在价值分析的基础上对于工业遗产在再利用模式上加以展开，如工业主题博物馆、创意产业园、工业旅游街区等，使其成为新城市空间的有机补充，从而带动城市文化的多元化发展。保护性利用是一种积极的保护，使工业遗产不再沉睡，能带来良性的经济和社会效益。

第四，保护再利用与城市复兴相融合原则。辽宁省的沈阳经济区和沿海经济带的大量城市是随着近现代工业的发生发展而逐步形成今日的状态，工业与城市的高度融合性形成工业兴则城市兴，工业衰则城市衰的局面。现阶段城市面临经济结构调整、产业升级、大量工业用地整体改造的历史机遇期，只有在城市复兴过程中很好地利用工业遗产的价值，使其成为城市复兴的推动力，才能真正带动和促进工业遗产的保护。

7.1.2　保护再利用的分层级要求

从辽宁省工业发展历程来看，沈阳经济区和沿海经济带是辽宁乃至整个东北地区工业发展的重要区域，在日、俄殖民时期由于交通体系的建立，城市之间的联系变得十分紧密，大量的工业企业和工业城市兴起，行业关联性的工业遗产数量十分惊人。因此，辽宁省工业遗产保护在内容上应更加广泛，按照前面工业遗产价值评价体系层级来进行分级保护。涵盖主要工业城市群和重点工业城市、城市工业区、工业企业、工业建筑和工业设施等都是工业遗产保护的目标，而不只是将工业遗产保护仅仅局限在一部分工业建筑的再利用。保护城市工业化进程中的工业遗产，应当按层级不同而设定差异性目标和要求。

从工业遗产保护的目标和要求看，宏观层次是保护工业城市群和工业城市特征，中观层次是保护工业聚集区和工业企业的生产生活空间，微观层次是保护工业建筑和典型工业设施。从工业城市群保护区、工业文化城市、工业风貌保护区、工业历史展示企业、优良工业建筑以及典型工业设施设备，分层级保护对理顺工业遗产保护与工业城市总体规划的关系，以及将工业遗产保护纳入省级城市发展战略有着重要意义。

工业遗产保护再利用从六个层面与城市规划体系相融合，在规划方面需要完成编制工业城市群工业遗产保护再利用战略规划、工业城市工业遗产保护再利用总体规划、工业遗产聚集区保护详细规划；在具体设计方面需要完成工业企业的保护再利用主题策划、工业历史建筑和工业设备的保护再利用具体设计。编制全省工业遗产保护再利用专项规划来整体确定工业遗产对象、范围、等级和保护要求。第一，省域层面的工业遗产保护专项规划作为整体性和战略性工具，不需要对所有的内容负责，而是指向工业城市群工业遗产的整体效益，针对整体和战略层面的规划主题，主要包括工业城市群的整体特色的感知与强化，城市遗产资源的高效利用和整区域主体遗产资源的优化配置；第二，恢复和塑造城市特色是工业遗产规划的目标，加强梳理城市所拥有的特色性资源，以空间的关联性提升城市资源的价值；第三，通过工业城市中遗产比较丰富、集中的工业遗产聚集区加强工业文化城市的保护要求，保护工业聚集区的整体风貌特色，通过这些特征和关系的感知能够使观者产生联想和想象，使观者能够深刻理解场所特有的文化所意义；第四，对于具有一定规模或能比较真实地反映出某历史时期的风貌特征的工业企业，对其的整治、更新甚至改造有利于打造全新的工业城市形象特征；第五，工业建筑是工业遗产类型中的建（构）筑物类型，依托工业建筑的设计特点和结构形式，其保护再利用的具体形式依照工业遗产区域的功能调整和空间优化展开，单体建筑的保护再利用结合整体空间的形态结构和社会特征，才能创造出完善的城市开放空间系统；第六，对于工业设施设备，由于其稀缺性和主题性的特征，它们的挖掘和利用需要认真的审视、原真性的保护和创造性的设计利用，反映空间独特的环境和文脉联系。例如在具体的设计实践中，铁西工业区是辽宁省沈阳市重要的工业遗产聚集区，应按照沈阳经济区的战略规划和沈阳市的工业遗产总体规划的要求进行工业遗产保护研究，确定工业遗产聚集区的保护、控制范围以及普查工业遗产名录，将该区域的城市设计和相关遗产保护再利用的设计导则作为规划建设的指导性文件，才能切实实现工业遗产的价值。

7.1.3 保护再利用的工作程序

工业遗产保护再利用是一个系统性很强的动态过程，需要对全过程进行整体性计划，计划的稳定性和意图的连续性十分重要，不同阶段信息输入和输出直接影响结构的完整。根据国内外的遗产保护的实践经验并结合辽宁省遗产保护再利用的特殊性，工业遗产保护再利用工作程序可以划分为六个阶段。

（1）文献研究阶段

此阶段以文献研究为基础，调查为手段，及时发现工业遗产。首先，需要全面研究整理关于产业技术史、工业发展史、建筑史的普查资料，从历史文献中汲取信息和素材；其次，开展对城市近现代工业发展轨迹的分析，为深入开展现状普查、明确全市历史工业企业奠定基础；最后，需要从城市档案和大量市志、工业志、厂志中对工业企业的不同发展阶段进行细致分析，确定具有历史文化价值和科学技术价值的工业企业。

（2）现场调研阶段

该阶段根据文献研究的线索对工业城市以及所包含的工业企业进行全面摸底调查，盘清城市历史工业企业家底，通过现场调查、测绘、核实，重点调查工业企业中的建（构）筑物和设施设备等物质遗产内容，对接规划、文化、工业信息、档案等行业主管部门，建立全面细致的工业遗存档案，为工业遗产价值评价和之后的工业遗产保护再利用奠定基础。

（3）价值评价阶段

该阶段建立包含历史价值、社会价值、科学技术价值、审美价值、经济价值五要素的综合评价体系，优先评定最具有影响力、最有特色的遗存作为工业遗产，分层级和等级建立工业遗产保护名录，组成由城市规划、建筑设计、历史文化、工业企业的专家和关心工业遗产保护的社会公众组成的专家组对调查研究成果进行评议，并将专家评审结果公开听证，为有效地保护和再利用提供支撑。

（4）科学规划阶段

该阶段统筹兼顾保护与开发的关系。按层级的不同来设定差异性的目标和要求以期实现保护城市工业化进程中的工业遗产，内容涵盖主要工业城市群和重点工业城市、城市工业区、工业企业、工业建筑和工业设施等，而不只是将工业遗产保护仅仅局限在一部分工业建筑再利用上。从战略规划、总体规划、控制性详细规划、修建性详细规划和单体建筑及工业设施设备保护设计导则进行统一思考，形成科学合理的规划方案，全面对接规划管理，分类分级，有层次、有重点地制定工业遗产的规划控制图则。参照《城市紫线管理办法》，编制工业遗产保护规划，纳入城市规划的管理体系之中，实现有效的保护。

（5）创新利用阶段

该阶段在保护规划的基础上，创新工业遗产保护再利用模式，在保护的前提下注入新的发展活力，提升城市功能。在学习国内外成功经验基础上，结合城市自身实际，应采取严格保护、适度利用、非实物保护三类模式。

（6）城市复兴阶段

该阶段将保护再利用工业遗产与城市产业结构升级、经济增长方式转变紧密结合，将历史文化和当代社会，工业遗产保护再利用和城市复兴进行有效联动，实现工业遗产保护再利用的复合性收益，将工业遗产所承载的工业历史与文化展示于现代城市建设之中，使其成为现代都市有机体的重要组成部分，发挥出巨大的文化和经济余能，在获得文化收益的同时获取经济、社会、生态效益的共赢。

7.2　保护再利用的多样模式

工业遗产保护再利用模式是在对城市和遗产资源全局了解的基础上构建的。首先，城市一定范围内可供组织的空间、交通、公共设施等要素为工业遗产保护再利用的实现提供基础；其次，城市经济、社会以及文化等无形因素的影响也为工业遗产保护再利用模式增加了可能性。

7.2.1　工业主题博物馆等文化设施模式

对于遗产价值较高的大型工业遗产建筑物和构筑物，可以结合自身产业性质和结构特点，改造为博物馆、科技馆、展览馆等主题性公共文化设施。这种方式有利于较好地实现工业遗产的真实性和完整性，特殊历史时期的工业文化元素符号和机器美学特征的机械设备，包括非物质文化遗产、文献资料、档案等可以集中展示城市工业化进程，工业文化的非物质文化遗产内容也比较适合通过博物馆的陈列和讲解进行诠释。工业主题博物馆模式是工业遗产最为重要的利用方式之一。高大工业厂房建筑群可以改造成行业博物馆，小型有价值的历史建筑可以改造为纪念馆和展厅。

以英国泰特现代艺术馆为例，它选址于废弃近 20 年的伦敦发电厂。从地理位置和空间结构上来看，伦敦发电厂十分适合改造成博览性建筑空间，发电厂所特有的工业感、现代感的建筑风格与当代艺术的气质相吻合。瑞士建筑师赫尔佐格和德梅隆的设计方案在国际设计竞赛中脱颖而出，主张尊重历史特色文脉和城市肌理，最大限度地保留原有建筑，不破坏原有结构构造、空间组织和形象特征，粗大的钢架和巨型吊车以及其他的工业元素被保留下来。经过这次"再利用"改造，转换为泰特现代艺术馆的伦敦发电厂成为世界著名的博物馆之一，这一成功改造也带动了周边区域的经济发展和文化活力，如图 7.1 所示。

图 7.1　泰特现代艺术馆

　　将工业遗产设计改造成为主题博物馆，是工业遗产与城市空间有机融合的重要模式之一，通过自身的建筑特点和技术脉络的呈现，博物馆的工业主题得以强化。如坐落在沈阳的中国工业博物馆（图 7.2）的建成，不仅反映了人们追忆工业辉煌的"怀旧"情思，可以展示令人骄傲的工艺生产过程或工业发展的历史文化背景，成为城市特色风貌的重要标志点，激发社会公众的参与感和认同感。

图 7.2　中国工业博物馆外观及内部

7.2.2　工业景观公园模式

　　对于成片的工业遗产再利用模式，现行利用主要采取两种方式：一种是推倒重来，重新规划、重新建设，适用于遗产价值不高的工业区；另一种是保留并赋予新的功能，适用于遗产价值高、需要成片保护的工业区。工业景观公园再利用模式就是在原有厂区的工业旧址上，利用其场地的开阔和历史信息特点，作为具有文化氛围的城市开放空间是城市公共空间的有效补充。在空间形态的塑造上可以将工业建筑群和重要设施设备与周边的环境进行复合化的融入，生产空间肌理予以保存，适当体现过去工业辉煌时期的空间形态，通过保护性地再利用工业厂房建筑、工业机器、生产设备，营造一个开放的、富有创意的、饱含工业文化气息的城市开放空间。

德国北杜伊斯堡景观公园在原蒂森公司的梅德里希钢铁厂遗址建成，由德国景观设计师彼得·拉茨规划设计。设计师在其再利用方案中，保留原有场地特征，进行适度的调整，打造出一个工业遗产和自然景观融为一体的工业展示公园，如图 7.3 所示。首先，将工业遗址内几乎所有的构筑物进行了保留。设计师将这些工业遗存如烟囱、鼓风机、沉淀池、炉渣堆、铁路、桥梁、水渠、起重机等作为塑造公园最重要的元素，既传递了历史信息，也节约了拆除和新建成本，体现了"生态化设计"的理念。如原来的铁路系统完整保留，并和高架步道结合，建立了一条贯穿公园的游览系统和散步通道，原来的植被均得以保护，甚至荒草也随意生长，遗留下的材料如钢板用作广场的铺设材料，厂区堆积的焦石、矿渣成为植物生长的"土壤"或净化池和地面铺设材料。其次，贯穿低碳节能的理念。如利用工厂原有的冷却槽、净化槽和水渠，将雨水净化后再注入旁边的河流，使得旁边的河流由原来的污水河变成清水河，在原烧结车间厂房上修建风力发电装置。最后，很多工业遗产被赋予新的功能，如将原来的发电机房、送风机房以及部分室外空间，改作举办音乐会、戏剧表演、大型艺术展览空间使用，原场地精神得到了良好的表达。

图 7.3 德国北杜伊斯堡景观公园

7.2.3 文化创意产业利用模式

21 世纪以来，文化创意产业在国民经济发展中扮演的角色越发重要，创意阶层的崛起是决定城市经济可持续发展的重要力量，而文化创意与科学技术和工业遗产之间又存在着社会学的联系。利用工业遗产作为发展文化创意产业园区建设的成功案例在国内外屡见不鲜，如北京 798 艺术区已经成为北京当代艺术的高地，"上海红坊"则着力打造以雕塑艺术为特色的文化创意产业园，我国台湾台北建国啤酒厂也利用工业资源打造了文化创意产业园区。这些文化创意产业园区的成功有效地避免了城市中心区产业空心化的可能，对于创造文化建设与经济建设共赢有着重要的示范作用，能够改善城市形象，以此形成城市所需的包容多元的特色文化设施现象，如图 7.4 所示。

图 7.4　文化创意产业园区

　　城市中心区的工业遗产在发展创意产业、吸引创意阶层方面具有得天独厚的优势：一方面，工业建筑由于其本身的区位优势，空间利用的灵活性和结构符号清晰的功能划分为文化创意阶层提供了多样化的体验；另一方面，对承载"工业风格"建筑的钟情，是艺术家情感上的潜在需要，工业文明特有的历史感和沧桑感也会成为文化创意的灵感来源。因此，利用工业遗产进行再利用是发展文化创意产业的最佳途径。结合工业遗产的保护再利用，可以在传统工业区培育新型文化产业和创意产业。另外，在工业遗产区域实施大规模的创意创新项目，可以带动城市传统经济向创意经济转型，提高城市知名度，吸引更多文化事业方面的投资和创新创意人才。

7.2.4　综合开发利用模式

　　综合开发利用模式主要适用于较大规模的工矿企业遗址地开发项目，其场地的经济价值有一定的优势，项目内大多数工业遗产价值不高，可以考虑部分有价值工业遗产的单独保护和展示，成为整个工业遗产项目的标志物。综合开发利用模式在生态修复的基础上，综合有效利用工业生产的建筑物、构筑物、设备，赋予新的使用功能。同时有助于吸引投资和带动基础设施建设，旨在推动区域产业转型，整治环境，重塑地区核心竞争力和吸引力，带动城市复兴。

随着对工业遗产保护再利用理论与实践的发展，工业遗产的保护再利用模式也在扩展，多种模式在一个工业遗产群保护工作中同时使用的情况多有发生。工业遗产再利用亦可采用多功能适宜混合发展模式，保护工业文化的主题性，发挥其公共文化职能和遗产展示功能，对提升该区域的文化品质有积极的作用。

7.3　保护再利用的设计原则

7.3.1　整体性保护再利用

在改造利用中，对于重要的工业遗产应尽量减少对工业遗产本体的干预措施，任何改变都有可能对工业遗产产生不同程度的危害，如对风貌的影响，混淆历史信息，降低其价值。工业遗产保护再利用是一个动态的、复合的、多维的整体过程，而非静态的、孤立的、一元的个体，包含社会、功能、结构、视觉等方面的内容。不仅要保护工业遗产的本体，工业遗产所处的整体环境也应得到良好的保护，场所环境已然成为构成工业遗产重要性和独特性的重要组成部分。

工业遗产保护再利用的过程中要注意对工业遗产历史性的整体尊重，改造利用部分应与原遗产有所区别，而不仅仅是进行修旧如旧，导致信息的误读。后人在解读工业遗产的时候，能够清晰地分辨出哪些是历史的，哪些是改造利用的，要识读出各个时代的历史印记，使得城市工业演变的全进程被完整地记录和保存下来。

7.3.2　强化工业技术特色

工业城市和工业区的风貌形成，受到多方面因素影响。一个城市特色的形成是个漫长的历史过程，城市是一个有机沉淀的综合性个体，但特色的消失却是十分短暂的。随着经济全球化和现代主义风格的影响，千城一面的现象已经出现，城市陷入了特色和个性危机，城市居民对自身工业文化认同也出现了一定程度的缺失。

工业遗产再利用的新的使用功能必须尊重工业遗产原有的生产格局、空间尺度和技术特征。考虑到改造利用后的遗产在引入新功能的过程中，对历史环境的侵蚀是比较严重的，应慎重对待历史环境中的工业建筑或机械设备的视觉和结构语言，通过与建筑、结构、地形和环境对话，利用历史文化资源和历史参照物，避免歪曲工业遗产的技术重要性。在设计改造的前期，工业遗产聚集区理解为是一个有机的整体，通常由不同时期、不同行业的建筑、设备、环境构成，不可以将所有的历史元素进行同一化设计，而应准确清晰地展示出工业遗产岁月变迁的信息符号，使参观者能够对技术历史断面有所了解。例如在历史环境中的建筑和设施利用上在造型、选材、色彩、构筑物方面不应刻意地去突出加建建筑或破坏这种建筑与生产技术的原始关系，新旧之间及与历史环境的协调共生是再利用成功与否的重要指标。

7.3.3 时代性表达

工业遗产的保护并不是一味地协调融合，而是恰如其分地对比表现时代性，也是延续场所文脉、增强生命力的一种方式。正如戴威·奇珀菲尔德所说："我们不应沉溺于新世纪的阳光，正如我们不能躲藏在从前惬意的记忆中。我们必须面对不断发展的现在——有变化的机遇，也有历史经历的沉重"。采用新老建筑间适当对比的设计手法时，新建筑常采用简洁的样式和轻巧的新材料（如玻璃、钢材等），与历史建筑的古朴厚重形成鲜明、恰当的对比，使建成环境稳定中有跳跃、均衡中有冲突。这种对比手法的运用一方面是对历史的强调，使历史环境所蕴藏的价值和意义更为突出；另一方面又使新建筑体现了当今时代的特征。新旧间的交织正是历史与现代的穿插融合。

7.3.4 整体统筹兼顾

通过科学规划和合理设计，从更大的区域、以更高的视角进行综合考量，以求实现工业遗产的切实保护和城市的全面复兴。在对工业遗产进行价值评价的基础上，明确工业遗产的保护层级、保护再利用模式，为下一步工业遗产的开发利用提供指引。在具体设计中，要注意对上位规划的尊重，加强工业遗产空间改造利用与城市建设远景目标的一致性，使工业遗产的真实性和完整性得到充分保证。同时，通过功能策划和创新，充分利用工业遗产，"活化"工业遗产，以地区保护工业遗产、促进经济发展为目标，做到有生命力的保护。如果利用得当，工业遗产可以在促进地区产业转型、推动积极整治环境、重塑地区竞争力和吸引力等方面发挥重要作用。

7.4 保护再利用设计框架

7.4.1 工业城市群战略性研究

当前常见战略性研究的形式主要包括战略规划、概念规划以及城市发展策略等。编制工业城市群远景规划要进行革命性的探索，研究工业城市群的未来发展方向和城市功能定位，是具有全局意义的战略规划，从城市间功能协调的角度研究工业遗产的要素转移、城市复兴的方向，制定相关政策，提出适合城市群可持续发展、提升城市竞争力的目标、对策和措施。

根据辽宁省工业遗产层级评价体系，从宏观整体评价工业城市群如沈阳经济区和沿海经济带的工业遗产价值及特征，以及工业城市集群的整体风貌。在远景规划阶段就需要通过辽宁省工业的发展模式、产业结构、经济体制、外生变量的研究，发现工业城市群工业遗产价值形成的历史原因和未来发展趋势，并提出基于城市复兴工业城市群工业遗产保护再利用远景规划。

战略规划建立在资源全局考虑的基础上，为辽宁省的工业城市提供了具有焦点性、一致性和连续性的发展指向，以战略带动战术，以战略思维应对不确定的未来。总体来说，工业城市群空间发展是复杂的、充满不确定性的过程。同时，城市复兴过程中涉及的各个城市主体都有着各自的思考和目标，并存在一定的分歧和冲突。因此，远景规划需要提供发展的方向，协调各方行动，使其朝既定目标努力，并且历经长期的实施过程而得以维持。

以沈阳经济区为例，沈阳经济区是东北地区经济发展的重要地域，工业文化特征显著。工业城市群远景规划结合沈阳经济区实际情况，从城市复兴角度研究沈阳经济区工业遗产保护再利用远景规划。

首先，规划是建立在对区域历史了解和分析的基础之上的，只有对工业城市群的历史发展和城市现状进行解读，才能够帮助我们获得未来的合理预期。沈阳经济区工业遗产聚集性特征明显：一是各城市围绕沈阳呈放射状分布，形成紧密的圈层结构，多个城市的崛起取代了"单核驱动"的局面，中间层次城镇的增多，使城市空间不断向区域性方向发展；二是沈阳经济区内区域性的交通设施及运输网络十分发达，工业遗产之间的联系紧密；三是工业城市群中工业遗产比重较大，其中冶金、采矿、机器、机械、机车、造船、化工行业工业遗产存在一定程度的相似性；四是不同时期形成的工业遗产特点不同，早期以矿业、军工等为代表，后期则以机械、化工、电力等为代表，与生产技术的发展趋向一致；五是各时期工业遗产具有鲜明的政治背景，如清末民初以官营、官商合营、官促民办为特点，日本占领时期则带有浓重的殖民经济色彩，而社会主义建设时期以公有经济、苏联援助为重点。

其次，远景规划是建立在对工业城市群进行 SWOT 分析的基础之上的，只有对自身资源和发展机遇、挑战进行综合判断，才有可能对未来形成战略指导，明确战略定位与目标，也需要对工业城市群的空间、社会、经济进行深入的调研，找出急需解决的关键性问题，并提出解决问题的策略。

再次，来源于历史、现状和地区的远景规划的宣传，对于老工业城市和资源型城市坚定市民的信心及文化自豪感方面有着不可低估的价值，也能够吸引外来者体验和感受工业发展的成就，推动工业遗产旅游链的形成。

从作用来看，远景规划不仅指引规划和建设者努力的方向，也给民众提供了解城市群工业遗产保护再利用过程的途径，这对城市、社会的可持续发展是具有积极意义的。远景规划是通过工业遗产这一主题为先导，采取统一规划、分步实施的方式，强调生态、社会、文化、物质形态的全面复兴，强调城市群的协同发展。

7.4.2　工业城市工业文明重构

城市在创新改革中不断前行，历史资源传承和与时俱进观念之间的矛盾一直并行，它们的协同创新是工业城市发展的原动力。从城市的现实出发，城市规划者应努力寻找最适合当下该工业遗产区域的新功能，最大限度发挥它们的价值。只有在使用中，工业遗产区域才是有生命的，符合可持续发展的要求。工业城市整体工业文化景观的塑造在空间上与建筑形成相互衬托，在功能上彼此互补、协调统一。

曾经传统的工业生产已经渗透到人民生活的各个方面，不仅为城市居民提供物质生活必需品，而且精湛的工匠精神也给市民带来无尽的城市记忆。如今，虽然传统的工业生产已不再是大多数城市居民的经济与精神支柱，但是那种精神气质已融入整个社会和时代的血液之中。传统工业产业的发展历史决定了工业遗产多元复合的发展功能定位，即以继承和发扬工业遗产为特色，结合城市工业已有的历史传统、业态、建筑和地块条件，提供关于工业文明和创意产业的咨询、研究、教学、制作、展示、贸易机构，建设与其他地区错位发展的贸易、会展、旅游、工业智造中心，并集居住、工业博览、娱乐休闲等综合功能的活力区域。

如沈阳市地处辽宁省中部城市群、环渤海经济圈和东北亚经济圈的中心位置，是沟通内外联系的咽喉，联系东北经济腹地与沿海经济带的黄金通道。独特的地理、区位和交通优势是沈阳市成为中心城市的基础性前提条件，成为继珠三角、长三角和京津冀地区之后的第四个增长极或核心区。沈阳拥有发达的立体交通网络，将建设成为东北地区乃至全国工业智造的发展基地；当代工业、制造业"产、学、研"科学发展模式示范区；世界先进工业制造中心和工业文化传播中心。通过一个有效的发展框架，结合土地使用、文化发展、开放空间和创意经营，建立一种强烈的场所感、独特的创意感以及熟悉的氛围感。延续早期工业化建设与城市营造的乌托邦式建设理想和务实质朴的空间特点，使沈阳工业智造"产、学、研"及推广传播中心具有乌托邦精神、实验性与先锋色彩，站在中国乃至世界的前沿。

曾经的工业城市获得了令世人瞩目的工业成就，如今，城市的文化景观重构目的就是既要保护历史风貌，又着眼于恢复城市的活力。因此，应在原址原状地保护和凸显工业文化景观特征的前提下，在工业城市建立一套完整的、开放的、包容的新兴产业结构和创意产业体系，在此目标引导下，挖掘城市工业遗产的特征潜力，使之成为提高城市文化品质不可缺少的重要场所。通过创意产业和创意活动的带动，形成综合性的整体优势，带动历史文化街区的更新，打造新型创意城市。

7.4.3 工业聚集区历史风貌展示

在城市工业聚集区历史风貌展示上尊重工业遗产文脉是传承工业文化、保持工业文化风貌个性和多样性的重要策略。工业聚集区历史风貌的特征主要体现在工业建筑及工业场地肌理上，它们的产生、形成和发展都是由机器的运转和工艺流程来决定的，并存在着某种规律，同时也反映出一定的地域性。传承工业建筑文脉的意义不仅在于它的物质性，也在于它的文化性：一方面，它们是工业活动在历史发展过程中的物化形态，是在特定地理条件下，城市工业生产功能组织方式在空间上的具体表现，是城市社会和经济发展的综合表征；另一方面，它们是城市文化的主要载体，存在于人们的"集体记忆"之中。其具体的转换方法有遵从工业历史文化空间、彰显工业建筑场地标志等。

如沈阳市铁西区作为我国现代工业的高度集中发展区域，铁西区的工业建筑布局与肌理体现了我国早期现代化的工业生产模式。铸造厂、电机厂、化工厂、奉天工场、红梅味精厂及工人村体现着铁西历史工业特色与主题，即"文化多元连续性"的实质景物。

铸造厂、电机厂、机械厂所代表的本土工业文化的空间意象是区域主导空间形态，体现铁西区工业特色的结构性景物；工人村所代表的外来文化的空间意象是区域次要空间形态，体现着生活主题的辅助性景物。目前，这些历史工业建筑景观依然保存完整，体现了铁西区特有的工业文化历史文化风貌。

对铁西区工业遗产聚集区的环境空间重构，其依据来自对工业遗产区域独特美学价值，即对历史空间和建筑功能两方面的尊重，目的是达到一种与现有文脉相"和谐"的关系，建筑和景观环境的设计也必须与历史语汇紧密联系，以回应现有的工业遗迹区域历史文脉，更好地尊重、补充并提高工业遗产的历史风貌。

铁西区工业遗产的规划整合通过功能定位，增强铁西区产业和社会多样性，以维持城区活力。整个铁西区工业遗产区分为三大片区：中国工业博物馆片区（片区 1）、红梅味精厂（片区 2）和化工厂片区以及工人村历史保护片区（片区 3），这些区域包含若干功能区，即博览中心、推广中心、核心展区、交流集会场所、智能制造创意展示区、先锋创意区、教育培训中心、商业辅助区、主题广场、主入口区。其中，博览中心、推广中心位于中国工业博物馆片区周边，为各区的空间核心点；核心博物馆空间充分利用了历史空间，选择老工业厂房进行改造，以体现历史空间与当代工业产业的衔接利用；交流集会场所则在原有厂区空地处进行扩充，或拆除无保留价值的现代厂房和运用各种景观要素对场所加以界定，主要功能是室外展示、信息互动，其主题可以表现某一类工业文化，也可由多家企业展示联合主题文化；先锋创意区位于红梅味精厂片区；智能制造区设在奉天工场的老厂房片区；教育、培训中心主要集中在具有生活氛围的工人村历史文化区域；商业辅助区主要集中于卫明工渠两岸。工业遗产建筑立面注重细部修饰，同时，各片区主入口区承担大量的人流、车流的交通集散功能，因此仍旧延用原有厂区入口，以唤起人们对历史的记忆与关注。铁西区工业遗产片区分布如图 7.5 所示。

图 7.5　铁西区工业遗产片区分布

7.4.4　工业企业场所精神营造

工业企业因其生产功能大多为单一交通空间，而不是人活动的公共空间，私密的历史空间仅能满足生产需求，场所的文脉则需要时间和空间的历史意义来体现，强调整体性的时空连续性和形态和谐是衡量工业企业场所精神的重要参考因素。

针对工业遗产涉及空间范围大、遗产疏密程度不同的特点，面对独特历史文化价值的地段和建筑，应考虑保留工业景观环境特征，对原有建筑和生产设施进行合理的重塑，使其成为旧有工业遗产的展示场所，也能够承载现代生活内容。从城市设计的视角出发，利用工业遗产特殊的区位和景观环境基底，对外部空间结构进行重组，嵌入具有公共属性的开敞空间，为工业遗产区域增加网格化的交往空间。如辽宁沈阳红梅文创园为凸显中心区开敞空间场所精神，形成良好的景观格局与开敞空间系统，设置开敞空间的序列和结点景观，强化对人们活动的引导；中心广场作为公共活动的中心，加强其与周围开敞空间的有机联系，增加中心区的特色空间和配套设施，进而强化地域的识别性；在园区的空间规划上着重于主题性入口的视觉效果以及公共艺术品、城市设施的完善。如图7.6所示。

图7.6　辽宁沈阳红梅文创园

场所是一个充满经济、社会、文化意义的物理空间，是构成城市空间结构体系的微观认知单元。在某种意义上，场所是一个人记忆的一种物体化和空间化，是对一个地方的认同感和归属感。诺伯格·舒尔茨指出：场所的意义在于是否有一个人们能认同、归属、安全的所在，场所的最终目标就是要创造有意义的空间。工业企业的场所精神建立在对历史解读的基础之上，继承和保留既有的遗产格局，按照历史的脉络和生产的逻辑组织空间结构，通过标志性的符号和界面处理以及设施设备传递所暗含的历史信息，结合原有场地的环境空间、景观特征、结构形式、材料属性共同表达对工业文明的推崇和对过往生活的回忆，实现原有遗产特色在新的空间环境中的文化转换。遗产场所在经过适当的设计改造与活化后能够保持历史信息，彰显自身场所的文化底蕴和技术属性，成为回望历史，期许未来的情感化空间。

7.4.5 工业建筑适应性保护再利用

适应性保护再利用基本保持原厂区厂房的布局，只做必要的加固和修缮，局部的拆分和合并，对旧建筑中体现工业元素的部分加以强化，如特殊的结构体系和构件，时代符号和标记等。通过运用现代材料的肌理拼贴表现室内外空间及界面形象，以营造多层次的交流空间和共享空间为重点，打破旧工业厂区厂房的封闭性，增强室内外的空间渗透，依靠多变性和自由化突出创意产业的自身特色。此外，还包括对原有建筑的交通流线、开窗方式、内部的垂直交通等进行改进和更新，确定保护建筑的改造是可恢复的，无损害的。

工业遗产中建筑的保护再利用，通过不同程度的整治，从而延续工业历史文化空间特征，在使用中延续其历史寿命。改造过程中，挖掘工业遗产建筑的空间和结构潜力，首先根据现有建筑的空间特征分析确定再利用的可能途径；其次对建筑结构进行必要的保护加固，防止再利用造成安全性损害；再次根据新的功能要求，采取垂直分层和水平划分的手法将空间进行适应性利用；最后再利用所选取的结构部件和建筑材料应尽量采用高强轻质的材料，以保证将建筑自重减至最低。此外工业厂房往往采用连续大跨度的结构体系，结构越简单，其功能改变的适应性越强，建筑可利用的自由度越高，但需要注意的是原有采光设计是为了满足工业生产需要，当原有生产功能向办公、休闲、娱乐、博物功能转变时，应考虑自然光的引入，如沈阳1905文化创意园的一些旧建筑改建的过程中采取顶部加层的做法。由于使用玻璃等材料，极大地改善了室内空间的光环境，也使得建筑的空间形态产生新的变化。另外，在大空间加入夹层设计也是工业建筑利用的常用方式，生产空间上空做夹层，适当注意采光条件的改变，可以采用中庭采光的方式解决问题，夹层空间给入驻的创意产业提供了更多的交流休闲空间场所，也得到张弛有度的空间效果和多变的空间形态，如图7.7所示。

图 7.7 工业建筑文化历史空间塑造

对于新旧建筑协调问题，从保持原有场地工业景观风貌出发，再利用从总体风格上呼应原有历史建筑，对原建筑进行修缮而不是完全的对比变化，局部的加建也在构造做法、风格形式、材料肌理与原建筑相呼应，最终实现风格上的协调统一。对现有交通空间和道路系统进行重新设计，完备遗产空间网络的公共属性，同时也对公共空间的划分与使用带来了极大的便利，注意尽量保存原有的公共空间系统，使观者能够在开放空间中获得该区域特定的空间结构关系，场地的历史脉络清晰可及。当设施、建筑、景观视廊等空间结构要素按照其潜在的秩序性将遗产场地的特殊语境表达清晰的时候，工业美学和机械风格特征明显的建筑风貌就被创造出来了，如图7.8所示。而对于工业建筑特有的建筑形态和场地肌理特征，有选择地在各厂区内部运用此类再设计方法，在不改变历史空间脉络的基础上，柔化工业建筑空间的冷峻气质。

图 7.8 工业美学和机械风格的表达

如由原铸造厂翻砂车间改建的中国工业博物馆采取保护再利用的适应性策略，使老厂房原有的结构得到了保护与再利用，改造后的工业生产空间转化为适合新型博物馆和创意产业发展的新空间。在实际的项目运行中根据工业遗产建筑的特殊性，一部分可以采取新旧建筑元素形式对比的手法，摒弃"假古董"的思路，将历史与现代自然地穿插融合，使建筑更具历史时空感。这种设计手法适用于将具有高大内部空间的建筑、生产大型重工业产品的开敞大空间按照空间适应性利用为剧场、影院、博物馆、展厅、商业综合体、图书馆等；或是将框架结构的多层空间、宽敞的轻工业厂房、仓库等转化为酒店、创意工作室、餐饮店、商店、咖啡厅、酒吧等城市公共文化服务和商业设施。

7.4.6 工业设施的景观化重构

工业遗产场地内的大型工业设施大多是工业遗产科学技术价值集中体现的物质承载物，由于体型庞大、形态特殊，表现出差异性的产业特征和工艺流程，形成独有的产业风貌，对其周边环境景观产生了主导性的影响，具有重要景观和美学价值。这些设施设备成为场所的标志，也带给居住和生活在这里的人们以强烈的认同感及归属感。如对炼铁高炉、焦炉、油罐、水塔等设施可以进行结构和空间的再利用，其形式、体量、色彩、材料、肌理等方面都极富表现力。在对工业遗产场地与设施进行大量设计实践基础上，后工业景观的概念逐渐清晰，逐步介入工业遗产场地的景观设计并日趋成熟。

后工业景观被理解为"工业之后的景观"，是指采用景观设计的方法对工业废弃地的建（构）筑物、设施设备进行改造、重组与再生，最大限度地反映其所包含的真实历史信息，使之成为具有全新功能和场所精神的新景观。不仅如此，新建的景观必须延续场地原先的文脉，场地的工业元素和工业特质需以某种方式得以保留或再生，而绝不是彻底拆毁或全盘重建。废弃的设施设备如烟囱、鼓风炉、桥梁、起重机作为标志性的构成元素赋予新的使用功能，后工业景观不再掩饰这些破碎化的景观，而是试图对旧有景观要素进行重新解释。

工业设施以理性而清晰的设计思想反映工程技术美学，是工业遗产科技发展最好的历史见证，创新性设计可以拉近设施设备自身历史厚重感和现代生活的距离感，从而实现鲜活的工业历史与设计、艺术在空间上成功并存。例如在上海杨浦滨江工业遗产保护设计个案中，所有的高桩码头都被保留并重新利用，以减少不必要的新建工程费用以及水域面积。宽阔的尺度与承载力非常适合作为大型活动的场地。10t 级码头起重机完全保留并成为新的视觉焦点。起重机脚轮的形式应用于长凳设计，放置在河边的保留轨道上，使工业遗产的空间尺度和景观特征在新的工业景观环境构中得以保留和延续，如图 7.9 所示。

图 7.9　工业设施的环境空间应用

能够代表工业遗产的主题性工业设施很多，最终主题性元素的挖掘基于对场地整体环境的认知和文化意义方面的解读，设施设备一旦具有强烈象征意义（如凝聚和体现了那个时代的审美意识、企业精神等特征）就都有成为主题性元素的潜质。如上海当代艺术博物馆高达 165m 的烟囱既是上海的城市地标，又是一个工业历史、当代艺术、现场表演以不同形式展示的开放性空间，这个博物馆最终被打造成为一个跨媒介、跨学科的综合艺术交流平台。工业遗产所保存的工业设施所拥有的唯一性和传播性特征能够完整表达工业文明的文化张力，主题性元素的选择就成为工业遗产景观设计思考的重中之重，是城市物质空间环境设计不可或缺的议题。

这些经过艺术设计加工后的工业遗产设施，在整个后工业景观重建过程中的角色极其重要，历史信息和审美价值的融入完成创意与新生的蜕变能够成为场地的催化剂，不仅可以实现后工业景观的复兴，还可以引发周边空间环境的有效联动。

7.5 本章小结

    本章主要论述了基于城市复兴理论的辽宁省工业遗产保护再利用策略与设计框架，这一框架是建立在工业遗产价值分层级体系的基础之上的，包含了各层级工业遗产保护再利用的方向和焦点内容。

    首先，在辽宁省工业遗产保护再利用策略方面对保护再利用的基本原则、分层级要求、工作程序进行方法上的谋划。

    其次，结合辽宁省工业城市的发展背景以及工业遗产现状特点的不同，考虑使用保护再利用的多样性模式。

    再次，有针对性地提出辽宁省工业遗产保护再利用的整体性、时代性、工业技术特色、统筹兼顾的设计原则。

    最后，建构工业遗产保护再利用设计框架。在宏观层面，对辽宁省域工业城市群和工业城市工业遗产资源的重要价值加以识别、控制和指引，主要包括工业城市群的战略性研究和工业城市的工业文明重构等整体性研究。在中观层面，对工业聚集区的风貌特征和遗产多样性提出环境空间建构转化过程中建筑和景观环境的设计也必须与历史语汇紧密联系，以回应现有的工业遗迹区域历史文脉，更好地尊重、补充并提高工业遗产的历史风貌；在工业企业场所精神营造方面提出强化场所的社会认同感和归属感，通过合理转型和空间调整使工业遗产成为城市公共空间的合理补充。在微观层面，对工业遗产建筑和典型工业设施设备进行适应性再利用，强化工业场所应有的历史文化特征和空间主题性，打造后工业文化空间。

第8章

辽宁省工业遗产
保护再利用的目标实现

8.1　城市复兴背景下的工业遗产保护再利用

8.1.1　工业遗产保护再利用与空间复兴

现阶段辽宁省大量的传统工业企业从城市中心区外迁，对城市的物质空间环境会产生巨大的影响。首先，传统工业企业和企业群的功能疏解置换出大量工业用地，工业遗产的保护再利用就作为经济发展和城市建设的重点，同时也为城市产业结构调整和用地布局优化提供了可能性；其次，城市工业遗产区域缺乏特色并且被工业割裂的民用建筑、企业的生产类建筑体量和道路系统与城市发展出现联系松散、协调不够的突出问题，工业遗产空间的保护再利用可以改善道路、交通条件，使之与周边区域形成互补的协同发展关系；再次，工业遗产的再利用实现了原有产业在既有基础上的强化升级，满足新的需求，实现土地高效和集约使用，通过功能混合使用，实现城市功能多样化的目标；最后，迁出后的工业企业转化成以人才、信息和高新技术密集为主要特征的新兴产业，在城市周边和转移目的地区域形成产业聚集，带动了城市新区的建设，成为城市建设新的增长极，为城市复兴提供物质空间基础。

工业城市的形成，一直是旧有产业示弱和新兴产业迅猛发展相互作用的结果，对记载城市人们生活、工作和交往历史信息的工业遗产加以保护成为全社会的基本共识。保护工业遗产所产生的文化效益和由保护所造成经济效益的缺失之间的矛盾一直摆在规划建设者的面前，如何将保护所践行的文化建设与再利用所进行的经济建设协同创新就变得极为重要。在城市化高速发展的今天，工业遗产保护再利用是以保护为第一要务的，没有有效的保护，再利用也就无从谈起。在城市复兴的大背景下，将保护再利用工业遗产与城市产业结构升级、经济增长方式转变紧密结合,将历史文化和当代社会,遗产保护再利用和城市复兴进行有效联动,实现工业遗产保护再利用的复合性收益,在获得文化收益的同时获取经济、社会、生态效益的共赢。在西方国家,工业遗产的改造与再利用已成为规划师、建筑师和相关行业工作者关注的重点领域,无论是工业遗产的原真性保护,还是再利用性质的改扩建项目,都是将工业遗产所承载的工业历史与文化展示于现代城市建设之中,使其成为现代都市有机体的重要组成部分,发挥出巨大的文化和经济余能。

8.1.2 工业遗产保护再利用与社会复兴

城市物质空间的形态演变是社会变革的外在反映形式,同时也是社会变迁的组成部分之一。随着我国城市化进程的高速发展,建设活动所引发的社会公平问题凸显,西方学者为了实现城市理想状态进行了大量的社会改良实践,现代城市规划理论正是在西方城市社会改良问题基础之上形成的。霍华德的"田园城市"、柯布西耶的"阳光城"、赖特的"广亩城市"都体现了规划师和建筑师为解决城市社会问题的理想化努力。城市空间与社会复兴发展之间存在必然的内在联系,工业遗产保护再利用设计的缺陷很容易导致城市社会问题的出现。

伴随着城市规模的迅速膨胀,社会群体高度集中,社会分工细分明显,社会职业高度分化将形成显著的社会级差,引发出大量的社会问题。与工业遗产有关的社会性因素主要集中在工业文化对生产和生活空间的观念影响方面;多层次、多视角对社会公平的理解,以及如何将其体现在空间公平和公众领地的塑造;社会参与和工业遗产保护再利用近远期目标的科学性方面。

注重城市老旧棚户区、工业遗产地段的复兴,避免城市局部因产业结构调整出现衰败现象,成为城市的"马赛克",实现城市新区与旧城改造平衡发展。城市化进程的加快,使得区域中心城市成为资本流入、人口迁移、知识科技集中的地区。这种"虹吸"现象导致区域发展不平衡,由于不同社会经济属性形成社会差异,导致社区结构失衡,不稳定因素显现,需要强化城市和社区包容性。

8.1.3 工业遗产保护再利用与文化复兴

城市工业遗产作为现代城市物质空间的重要组成部分之一,超大尺度的建筑和设施形成了独具魅力的城市空间区域:上下班的人流,轰鸣的机械声,原料和产品运进运出,以及学习劳模标语口号,共同形成具有鲜明文化符号特征的城市工业文化氛围,烟囱、高炉、水塔、冷却塔、巨大的设备等成为明显的工业城市地标。

随着城市产业结构调整,传统产业的衰败,城市工业企业逐步陷入外迁和关闭的境地。工业企业搬迁后,如何填补这个废墟性质城市空间?是将工业遗迹完全铲除,还是将工业建筑、构筑物、设备管线等这些可以利用的城市的文化资源进行保护,给城市留下历史的记忆?虽然辽宁省工业的历史阶段与西方发达国家相比不长,但毕竟是城市发展过程中的重要组成部分,它曾经为城市的发展创造过辉煌,是城市向现代文明迈进的见证和象征。城市工业地段复兴不仅要将原来的工业区缺乏文化的状况进行弥补，还要增添新的文化内涵，丰富城市文化色彩，提升城市文化品位。

我国现阶段虽然为世界第二大经济体，但制造业整体水平在世界经济产业链中处于中低端，当其他国家的城市以经济作为城市发展助推力的时候，传统的工业城市如何异军突起，寻找和创造世界范围经济价值链上的突破点是值得关注的问题。这些突破点既可以在制造业、服务业以及高科技等产业发展领域，也可以表现在城市文化领域。辽宁省工业城市根据政治、经济、文化优势，特别是工业文化优势，在文化链中寻找和创造突破点，以"嵌入"的方式参与国际竞争，构建有特色的国际性成区域性城市，对城市来说更有现实意义。

法国社会学家皮埃尔·布迪厄第一次完整地提出文化资本理论，布迪厄认为文化资本的作用十分重要，对文化做出了全新的解读；文化资本从社会经济学的角度提供了有效的手段：经济资本、社会资本和文化资本之间不可替代，但可以相互交换。作为重要的城市资本之一，城市文化资本通过城市长期积累起来群体性的公共财富，具有符号性、认知性、识别性、历史性等鲜明特点。工业城市文化资本主要蕴含在工业遗产之中，历史文化价值认同需要公众的文化认同，有利于城市文化发展的多元融合，文化复兴的建设应加强自身文化性的建构和文化自觉，避免国际式和千城一面的特色危机。

8.2　工业遗产保护再利用的整体性优势

8.2.1　工业城市核心特色资源

很多后工业城市或者文化城市更加注重文化集群效应和文化区的建设，文化和休闲功能集中发展的区域一般位于城市中心的老工业地带，工业遗产保护再利用借助于场地空间的特殊属性，将设计行为与空间气质、市民参与活动相结合，从总体规划、城市设计、建筑改造设计、景观环境设计等多个维度加以保持和延续工业文明的历史及城市的文脉联系，使城市环境整体呈现出复合多元的理想空间形态。设计方面可以将遗产空间与文化生活、文化生产活动结合，从而形成独具特色并且工业风貌特征鲜明的文化聚集区，一个城市对待工业遗产的态度和工业遗产资源保护再利用的整体实践水平从侧面反映了城市复兴的真实状态。

工业城市成功复兴应包含设计和策划各类有活力活动、恰当的建成环境及具备深厚的历史、文化内涵。区域整体性保护和再利用设计能够从根本上改变城市形象、提升市民自豪感和创造工作岗位，帮助加强休闲和文化功能，使其成为城市复兴计划的重要组成部分。因此，辽宁省传统工业城市和资源型城市在城市复兴的不同阶段可以将工业遗产作为增强城市竞争力和激发城市活力的关键所在。例如辽宁省省会沈阳在近现代史上形成了具有一定规模和用地范围的重要文化价值、科学技术价值、历史价值的工业区，包括满铁附属地、商埠地、东塔兵工工业区、沈海工业区、铁西工业区、大东工人村等，较为清晰地体现出沈阳城市的主要空间结构特征。这些工业区里的工业企业在我国工业发展过程中占有重要位置，工业遗产资源丰富，成为工业城市独有的文化视觉呈现。在空间规划和具体的设计中把工业遗产保护和再利用与城市近、远期建设规划结合起来，有利于整体性塑造沈阳"共和国长子"等工业文化景观的新型环境。

8.2.2 助力城市工业文化形成

在过去的 30 多年里，城市中心的物质环境景观发生了彻底的变化，辽宁省大多数城市及其中心地区城市风貌受到高度同质化的实用主义建筑和糟糕的城市规划影响，成为衰退物质环境的典型，工业城市在这一阶段沦落为"文化荒漠"。辽宁省文化城市建设与全国其他地区一样，已经进入 21 世纪城市发展的"十字路口"。在去工业化的背景下，加强城市国际化和增强竞争力就成为重塑区域形象和加强城市宣传的重要手段，城市文化特色展示宣传与城市复兴和变化紧密相连，也与很多工业城市因经济去工业化而形成的负面形象有密切关系。工业文化特色展示有助于老工业城市进行形象重塑，并提升城市竞争力，其鲜明、简洁、典型、概括和直接的方式让人们对某地和某地区留下深刻的印象，城市管理者可以通过巧妙的营销和宣传活动来营造自己城市的形象。

通过系统化设计，打造城市工业文明示范区和展示区，既回顾过往历史辉煌，也将艺术与科学、设计与城市、文化与社会紧密结合，利用工业主题的文化符号打造辽宁城市独有的特色和城市风貌的建构，引起对机器美学的共鸣和对技术的敬意。辽宁省很多的工业城市在过去和现在给人的印象多为资源型城市，新兴产业结构建立困难，经济下行压力等负面效应很难在短时间内去除，而且还会持续一段时间。针对这种情况，有特色的城市文化展示十分必要。在重塑城市形象并进行营销的政策上，辽宁省各工业城市可以通过浓厚的工业文明和工业景观的立体展示来突出城市社会文化的继承性和连续性，进而赋予城市及其历史工业区性格特征的尊重。从本质上讲，工业文化特色展示是城市经济发展的主要驱动力，把城市建设得更美好可以吸引更多的人来工作和生活，处理相关城市形象危机，不仅是在经济方面创造财富和工作机会，在社会方面打造有品质的生活，在政治方面提高认同感和归属感，重要的是在文化方面提升本地居民的自豪感、认同感和人口经济增长。辽宁城市特色展示应体现地理中心性和可达性，展示工业遗产和高技术产业形象，生活方式、文化和品质生活形象，而理性的工业文化设计表达正是帮助城市区别于其他城市集群的有效途径。

社会公众对所居住城市性格特征认知，主要是对城市历史文化资源的理解，这种理解源于对城市建成环境的文化性演变过程中城市性格的形成，工业城市的社会、文化、经济等客观因素影响和历史机遇的不同，形成了特殊的工业城市形象。工业文化特色对辽宁城市竞争力产生了积极影响，带动了建筑、空间和工业街区的复兴并赋予它们以生机，提升了当地居民的自豪感，促进了公众对城市的重新认识。作为工业遗产资源众多的辽宁省，需要借助设计策略的实施，充分发挥工业遗产的保护再利用在工业文明建设中的关键性作用，进一步放大工业遗产在城市空间中的文化张力，实现城市复兴。

8.2.3 激发城市创意阶层聚集

创意阶层是驱动创意城市发展的主力军，这一阶层包含艺术家、设计师、科学家、工程师等，而创意专业人士也包括高级管理人和企业创新人才。创意阶层通常从事有趣的工作，而且工作方式十分灵活。

创意产业是一个发端于个体创造、技能、才智的活动，可以通过创造和利用知识财产来积累财富和提供工作机会。弗罗里达认为，创意阶层活跃的城市一般都有一个既古老又真实的中心，能够提供场所精神的所在，工业遗产的良好区位条件和场地特征刚好满足这一要求。文化创意产业是全球未来经济发展的重要方向，成为城市经济重新焕发活力的核心力量，并为城市经济的可持续发展提供智力和文化支撑。创意城市崇尚充满活力的非传统生活方式，创意人士能够引领潮流并富有创新精神，工业遗产能够通过聚集经济吸引更多的创意人才。根据创意城市的理念，地方政府把文化创意产业视为创造更健康、更安全、更具竞争性和更加可持续的未来的基础，城市的发展更应该把文化创意产业发展作为后工业时代取得经济和社会成功的基础。文化创意产业受到重视的一个重要原因在于知识经济的重要性，知识经济把创新和想法作为提高产品附加值的主要资源。文化创意产业受到重视的另一个原因是经济方面，尤其在创意经济方面，创造力在经济和社会发展中扮演的角色越来越重要。文化创意产业更加喜欢聚集在城市环境中，为城市复兴提供巨大的潜能。

特别是对于辽宁省的工业城市如沈阳、大连等区域中心城市来说，其城市本身文化艺术底蕴深厚，把保护工业遗产与发展文化创意产业融合起来，工业遗产以其优越的地理位置，工业建筑高大宽敞的内部空间和特色鲜明的建筑性格，为文化创意产业提供了个性化的载体，适当的功能调整，赋予遗产环境和建筑新生，最大限度地利用原有结构，延续厚重的工业氛围，使其成为城市的形象地标和文化符号。

8.3　工业遗产保护再利用的目标实现

8.3.1　调整城市产业布局

单纯的物质环境复兴并不能从根本上解决辽宁省主要工业城市经济长远发展问题，如何在经济迅猛发展的今天，找到经济发展新的突破口，成为城市工业遗产地段复兴的核心。工业城市工业遗产地段复兴是通过城市工业企业搬迁和改造再利用实现的，企业搬迁使城市产业结构和产业布局产生了变化，保护再利用也涉及企业的产业发展方向；工业遗产的保护再利用也同样关系着城市的经济状况，如工业企业搬迁后是否保留原有一部分产业功能或增加新的产业内容，都将对城市持续发展产生重要影响。

产业布局规划侧重于经济地理的概念，其编制通常是由城市规划编制单位与产业管理部门共同编制的，结合城市总体规划和产业发展规划，侧重于产业发展的地域空间分布，通常作为城市总体规划的一个专题。目前许多大城市以及大城市中的区、县都有产业布局规划，但只是产业布局规划，没有相关的主管部门，没有审批机制，缺乏编制办法和编制标准的现象，各地产业布局规划的编制内容也不尽相同。

辽宁省城市产业规划既要满足产业发展的目标，又要引领城市整体空间布局结构的调整。为了使工业遗产保护再利用能够更好地满足城市经济发展的需要，应将传统工业产业转型作为城市经济复兴的一个专题内容进行研究。首先，经济管理各部门提出深入、合理和具体的未来产业发展目标（定性与定量相结合）及传统工业现状，为保护再利用专项规划提出科学的依据；其次，经济管理各部门要在工业遗产保护再利用初步方案的基础上进一步落实和细化，并提出修改意见，反馈给上一级规划编制单位；最终，经过规划管理部门和产业管理部门的协商，对产业规划不断地修改和调整以适应工业遗产用地的更新。例如辽宁省营口市进行了《营口滨海经济区发展战略规划（营口）沿海产业基地规划国际竞赛》方案征集工作，开创了产业布局规划公开招标的先河。招标内容综合城市总体规划、旅游规划、景观规划，评标专家中除城市规划和建筑设计专家外，还包括遗产保护、产业经济、物道交通、旅游与景观的专家，投标成果中要求分析区域环境产业状况，提出合理的区域发展战略。

对于一些以特大型企业为支柱的辽宁省工业城市来说，工业遗产保护再利用对城市物质环境、经济、文化和社会各方面的影响都将是巨大的。实际上，工业遗产保护再利用与经济和产业结构调整的关系非常密切，互为因果。保护再利用专项规划服务于城市经济发展；产业布局规划从宏观上影响工业遗产保护再利用的定位，应与工业遗产保护再利用专项规划同时进行，相辅相成，而不是一先一后，一个是前提，另一个是必须遵守的关系。工业遗产保护再利用专项规划在组织架构上应有城市规划、区域经济、产业经济、各个产业（行业）管理部门的研究机构、专家和学者参加，融入产业（行业）的各项研究成果，包括产业发展的实施和管理，经济效益的测算，以及投资回报等相关内容。这将更加有助于融入城市产业规划的可行性，完善城市工业遗产区域的功能结构。

8.3.2 完善物质空间环境

城市工业遗产用地作为城市物质空间环境重要组成部分，它的保护再利用是在土地整合计划基础上完成的，土地整合的目的是提高城市土地利用效率和促进城市土地布局更为合理。政府按照区位的土地价值，按确定的标准对土地所有者或使用者给予经济补偿，将一定范围内属于权属不同的城市用地加以收储，进行用地平衡。土地整合的关键在于对原有土地的利用结构、功能布局和土地权属关系的调整，根据新的城市规划方案，保证和实现城市规划，提高土地利用效率和提升城市功能。城市土地总是在市场竞争中不断向配置效益更高的使用功能转换，在整合中获得更大的效益。土地整合模式如表8.1所列。

表 8.1 土地整合模式

模式类型	内容
政府主导模式	由政府组织和管理土地市场，按照批准的城市规划，由政府从各个土地使用者手里将土地使用权转让过来，进行道路、绿化、公共设施和住宅的开发建设，整个过程由政府委托的城市投资公司和开发公司控制

续表

模式类型	内容
土地使用者主导模式	土地整合的过程主要由土地使用者控制，整合的发起可以是政府，也可以是土地使用者，土地所有者多为大型或超大型工业企业。通常成立一个联合的公司，土地整合的实施和利润分享在协议中约定
开发商主导模式	开发商根据城市规划确定开发项目，根据项目需要整合周边土地，通过不断修改的详细规划研究和调整用地边界，确定市地整合的范围。开发商在规划之前或规划过程中与土地使用者之间通过协议或合同确定权益，规划方案是各方利益的反映

在城市物质空间复兴的过程中，需要对物质环境有完整的认识，主要包括公共空间、建筑、基础设施以及景观绿化等。工业遗产作为城市的重要组成部分，需要与其他元素相互融合，有效地服务于城市生活。在城市复兴的过程中，利用工业遗产保护再利用专项规划进行各个环节的组织协调，能够避免表面化、简单化的环境更新，同时也能对城市的空间意向起到良性引导的作用，多学科合作是工业遗产保护再利用的重要特征。参照现有城市规划和控制性详细规划以及名城规划编制要求，工业遗产保护再利用专项规划应包括总则、遗产调查、价值认定、总体评价、保护策略、利用规划、实施管理等多个组成部分。

工业遗产保护再利用专项规划的编制，旨在建立整体性的保护工业遗产格局与城市环境，系统对工业遗产进行调研，通过遗产普查建立遗产清单，明确需要保护的对象和影响因素分析，提出保护规划工作的方法及内容，价值评价程序和保护范围，提出保护策略，同时结合城市总体规划、城市复兴、产业体系调整等影响因素，提出工业遗产保护研究、展示利用和管理运营的发展方向及有效途径。

目前辽宁省城市经济、文化和社会在总体规划层面注重较多，控制性详细规划、修建性详细规划、城市设计层面多停留在土地利用、城市体形空间以及建设开发的实际项目上，需要加强工业遗产区域的层次性、整体性和经济性之间的协调性研究以及城市设计的内容。

在工业遗产保护再利用前，规划定位和产业策划工作极为重要，应明确保护的范围、对象以及改造目标和实施方案，逐步分阶段实施，保护和改造的时间周期应能够满足物项价值评定，方案的充分论证与完善。在有条件的情况下，可以采用国际招投标的形式，引入国际先进理念，实现产业结构规划与城市设计的结合。

8.3.3　提升遗产区域活力

关注社会公众的整体利益，尤其是当代社会弱势群体的利益，尽最大努力实现社会公平是城市复兴的重要目标。工业遗产的保护再利用具有稳定职工心理和保护职工情感的作用，尤其是辽宁省一些工业城市都是由企业发展而来的，长期工作于此的建设者、技术人员，服务于工业企业的人员，对工业的情感十分真挚，已经与工业紧密联系在一起，难以割舍。

辽宁省各级政府在城市复兴规划的编制与实施过程中，应充分考虑城市发展的远景目标与社会关切之间的协调，社会共生和工业遗产再利用应兼顾和平衡政府、企业、生产者以及社会大众各方的利益，控制资本的力量通过工业遗产保护再利用向城市的公共利益进犯，尽量减少城市更新过程中推倒重来的大拆大改模式，避免不必要的资源浪费。复兴规划强调过程中的民主利益和公众参与，加强规划的透明度和公正性，充分发挥社会公众在城市新建与改造发展之间的平衡作用，提升公众对于规划的理解能力和沟通能力，鼓励公众参与城市规划与城市建设的全过程。借鉴国内外成功实践案例，结合辽宁省工业城市具体社会问题的特征，制定相关有针对性的城市发展政策。

　　城市规划是由所有人参与的社会性公众活动，需要维护公共利益。由于规划法规和理论的抽象特点使得它不单纯是技术范畴，实际上是一种国家干预形式和意识形态。社会策略应起到充当"合理的社会秩序"平衡者的作用，应该从服务于城市大多数人的利益出发，回归其服务广大市民公共利益的本位。政府、投资方、公众的协商机制能够有效避免形成社会空间的极化现象，即避免形成富裕阶层的"热点"和贫民阶层的"冷点"两极分化的城市人口空间。坚持以人为本，社会公共资源在城市空间中良性均衡的提供是顺利实现不同阶层人群共享城市发展成果的必要保障。

　　工业遗产保护再利用的目标不是简单的资本运作，而是实现城市空间配置的社会功能合理化。在复兴中实现社会公平和公共服务设施的公平分享，而不是为少数人服务。

　　辽宁省城市工业企业搬迁过程中，通过破产和转产实现了产业结构调整和升级的目标。但同样由于生产效率的提高，用工数量和结构发生改变，不可避免地会造成部分职工下岗失业，并由此引发一系列社会问题。中华人民共和国成立初期，工人是国家的主人，社会地位很高。实行市场化经济后，尤其是经过 20 世纪 80 年代和 90 年代中期两次产业结构调整，工人的经济收入增长大大落后于其他行业，社会地位迅速下降。这种变化发生在一代人身上，造成的思想动荡和价值观的变化不言自明。这些社会问题的解决，需要在社会复兴规划时给予充分重视，并在城市规划实施中给予特别关注。

　　在工业遗产保护再利用的过程中，除了关注城市物质环境设计外，应更多地注重城市的精神环境营造；后者是城市中的社会网络，是确定人们的生活方式、交往方式、价值观、归属感的社会环境，体现社会的整体性和复杂性。城市的社会生活包括物质层面与精神层面要素，社会复兴是从社会学的视角和途径来认识及解决城市的社会问题，从而促进社会的凝聚力，提高城市的竞争力，实现城市的综合发展。

8.3.4　展示历史文化风貌

　　城市历史文化风貌是城市特征的具体化视觉表现，历史文化遗产是城市的宝贵资源，在城市开发建设过程中，保护历史文化是城市复兴的重要内容。历史学者格雷厄姆·布赖恩认为，城市的历史文化遗产是发展知识经济的重要成分。在城市竞争日趋激烈的背景下，强调文化资源和文化设施与城市产业发展的互动关系，丰富城市历史文化内涵，已成为确立国际城市竞争优势的特殊手段。辩证地处理城市工业遗产保护再利用与城市复兴的关系，在城市结构调整的大格局中，确定城市工业历史文化的重要地位，探索现有经济条件下新的运营机制，全面地发挥城市历史文化的社会经济效益，工业遗产保护再利用在城市美学、环境美学、符号学、传播学学科理论的指导下，建构和呈现工业文明所带来的文化价值。

消费文化或者说文化消费是后工业社会的重要特征：在工业社会向后工业社会演进的过程中，城市从生产中心转化成为消费中心，文化符号和内容的消费是后工业社会的主要特征，文化复兴成为社会发展规划必然的需要。文化复兴规划是城市工业地段复兴的有效手段之一：经济全球化和技术进步使城市产业结构不断调整，新兴产业在全球范围内进行资源配置，城市的兴衰调整将是一个长期、持续的过程。在经济、文化、社会转变的特殊历史进程中，历史文化风貌展示作为城市工业遗产区域改造和城市复兴的切实可行手段起着关键性的作用。

辽宁省工业遗产保护再利用首先要与城市空间设计相结合，对城市文化资源和文化设施进行调查及研究，绘制文化地图；其次是与产业规划结合，强调工业文化资源和文化设施与城市产业发展的互动关系；再次是与社会规划密切联合，加强文化资源和文化设施与城市社会发展的互动关系；最后将"自下而上"与"自上而下"相结合，工业遗产保护再利用强调社区公众的意愿，强调文化资源"自下而上""自组织"形成良好氛围的同时，完成文化资源"自上而下""他组织"的文化规划，对城市综合发展起推动和刺激作用。

8.3.5　城市复兴的可持续

城市复兴计划涉及住房、社区、建成环境、气候变化、能耗、国土规划、自然资源和环境限制、污染物处理等诸多领域的可持续发展。在城市层面的政策开始重视可持续发展原则，尤其重视工业遗产适应性利用与可持续发展之间相互交织的目标。城市被认为是建设可持续发展世界的基本单元，城市正在并将继续从根本上影响环境的发展，环境也反过来影响着城市的发展。老工业城市和很多外围城市也出现了人员外流现象，内城区域也就是工业遗产聚集区处于极为严重的、不可逆转的颓废态势，这些区域的环境活力充满了未知性。为了保护环境和人们的生活质量，就必须让城市更具可持续性，而工业遗产的适应性利用和再设计则在其中扮演了重要角色。

不可持续性意味着，在将来当环境承载力负荷量达到最大或当环境极限被突破后，城市发展就会受到影响和威胁。最常引用的可持续发展理念是由世界环境与发展委员会于 1987 年提出的。该委员会认为可持续发展是指"既满足当代人需要，又不对后代人满足其需要的能力构成危害的发展"。在相当长的时间里，城市复兴政策都倾向于经济方面的复兴，而非环境方面和社会复兴。20 世纪末开始的工业遗产保护项目开始鼓励人们到城市工业中心区生活，从而达到环境和社会可持续性目标并支持经济复兴的目标。城市工业遗产的适应性利用在对经济复兴、社区精神和社会凝聚力做贡献的同时，也对环境的可持续发展起到了积极的作用。

通过设计完成工业遗产保护再利用也是紧凑城市的要求。由于城市蔓延、交通拥堵和空气污染，发展低密度、空间宽阔的城郊空间已不再是解决城市和老工业城市的办法。在土地价值很高的棕地上合理开发住宅、商业综合体、文化设施等都可以解决因城市蔓延和降低绿地率带来的长期的环境问题。对工业遗产区域而不是郊区绿色地带的再设计不仅保护了自然环境，还会促进城市复兴。但是应该看到的是，清理和净化工业遗产用地的费用也十分可观，工业遗产用地开发对现存城市基础设施的压力很大，还有可能使城市地区失去中心绿地和开阔空间。

城市复兴政策一直在试图解决根深蒂固和难以解决的社会与经济问题。首先，我们应该清晰地认识到世间万事都是相互联系的，城市复兴在本质上包括经济、社会和环境的更新；其次，设立清晰和切合实际的目的很重要，地区的物质变化只是城市复兴这个更广泛过程的组成部分；再次，设计的组织实施至关重要，但是需要具备可持续性；最后我们应当谨记一条，那就是留给我们的资源永远不够。

8.4 本章小结

本章重点介绍了辽宁省城市复兴与工业遗产保护再利用的相关问题。

首先，从工业遗产保护再利用与城市复兴要素的关系，强调空间、社会、文化要素在工业遗产保护再利用过程中的作用。

其次，以整体性的思维，全面考虑工业遗产所涉及的各种资源和在一定规模、时间内变化的潜力与可能性，明确工业遗产保护再利用在核心特色资源、工业文化形成、创意产业发展等方面的优势。

再次，通过工业遗产保护再利用实现完善城市产业布局、提升城市区域活力、展示历史风貌、完善物质空间环境等现实目标。

最后，预测工业遗产保护再利用在城市复兴中的价值，工业遗产适应性再利用能够使城市在可持续发展的道路上走得更远。

参考文献

[1] 辽宁档案局（馆）.江河儿女的丰碑[M].沈阳：辽宁民族出版社，2011.

[2] 刘易斯，芒福德.城市发展史——起源、演变和前景[M].倪文彦，宋峻岭，译，北京：中国建筑工业出版社，1989.

[3] 佟冬.中国东北史[M].第五卷.长春：吉林文史出版社，2006.

[4] 鲍寿柏等.专业性工矿城市发展模式[M].北京：科学出版社，2000.

[5] 朱诚如，邸富生.辽宁通史[M].2版.大连：大连海事出版社，1997.

[6] 中国大百科全书总编辑委员会.中国大百科全书经济学[M].北京：中国大百科出版社，1992.

[7] 梁喜新，赵宪尧，王焕令.辽宁省经济地理[M].北京：新华出版社，1990.

[8] 大连市史志办公室.大连志轻工业[M].大连：大连出版社，1997.

[9] 张福全.辽宁近代经济史[M].北京：中国财政经济出版社，1989.

[10] 董志凯，吴江.新中国工业的奠基——156项建设研究（1950—2000）[M].广州：广东经济出版社，2004.

[11] 袁占亭.资源型城市空间结构转型与再城市化[M].北京：中国社会科学出版社，2010.

[12] 李治亭.东北通史[M].郑州：中州古籍出版社，2002.

[13] 王荣国.辽宁省图书馆藏辽宁历史图鉴[M].沈阳：沈阳出版社，2008.

[14] 张柏春.中国近代机械简史[M].北京：北京理工大学出版社，1992.

[15] 国家文物局.国际文化遗产保护文件选编[M].北京：文物出版社，2007.

[16] 藤田昌久.空间经济学[M].北京：中国人民大学出版社，2010.

[17] 庄简狄.旧工业建筑再利用若干问题研究[M].北京：清华大学出版社，2004 .

[18] 彼得·柯林斯.现代建筑设计思想的演变[M].英若聪，译.北京：中国建筑工业出版社，2003.

[19] 库德斯.城市结构与城市造型设计[M].北京：中国建筑工业出版社，2006.

[20] 刘伯英.中国工业建筑遗产调查与研究[M].北京：清华大学出版社，2009.

[21] 祝慈寿.中国现代工业史[M].重庆：重庆出版社，1990.

[22] 顾大庆.设计与视知觉[M].北京：中国建筑工业出版社，2002.

[23] 吴存东，吴琼.文化创意产业概论[M].北京：中国经济出版社，2010.

[24] 吕学武，范周.文化创意产业前沿[M].北京：中国传媒大学出版社，2007.

[25] 陈望衡.科技美学原理[M].上海：上海科学技术出版社，1992.

[26] 辽宁档案馆.奉系军阀档案史料汇编[M].第12辑.江苏：江苏古籍出版社，1990.

[27] 罗翔.从城市更新到城市复兴：规划理念与国际经验[J].规划师，2013，29（5）：11－16.

[28] 朱强.京杭大运河江南段工业遗产廊道构建[D].北京：北京大学，2007.

[29] 刘伯英.工业建筑遗产保护发展综述[J].建筑学报，2012(1)：12－17.

[30] 刘宇.后工业时代我国工业建筑遗产保护与再利用策略研究[D].天津：天津大学，2016.

[31] 韩强，王翅，邓金花.基于概念解析的我国工业遗产价值分析[J].产业与科技论坛，2015，14(19)：92－93.

[32] 贺耀萱.建筑更新领域学术研究发展历程及其前景探析[D].天津：天津大学，2011.

[33] 徐苏斌，青木信夫.从经济和文化双重视角考察工业遗产的价值框架[J].科技导报，2019，37(8)：49－60.

[34] 单霁翔.20世纪遗产保护的实践与探索[J].城市规划，2008(6)：11－32，43.

[35] 李婧. 旧工业建筑再利用价值评价因子体系研究[D]. 成都：西南交通大学，2011.

[36] 李偲森，王琦. 存续视角下英国"活态"工业遗产保护[J]. 城市住宅，2019，26（12）：41-45.

[37] 刘伯英，李匡. 北京工业遗产评价办法初探[J]. 建筑学报，2008（12）：10-13.

[38] 齐志新，陈文颖，吴宗鑫. 工业轻重结构变化对能源消费的影响[J]. 中国工业经济，2007（2）：35-42.

[39] 吴良镛. 21世纪建筑学的展望——"北京宪章"基础材料[J]. 建筑学报，1998（12）：4-12，65.

[40] 陈柳钦. 产业发展与城市化[J]. 中国发展，2005（3）：38-44.

[41] 华霞虹. 消融与转变[D]. 上海：同济大学，2007.

[42] 袁媛，高珊. 国外绿色建筑评价体系研究与启示[J]. 华中建筑，2013，31（7）：5-8.

[43] 吕舟.《中国文物古迹保护准则》的修订与中国文化遗产保护的发展[J]. 中国文化遗产，2015（2）：4-24.

[44] 崔霁，曹启明. 论上海工业用地的二次开发利用[J]. 上海房地，2013（11）：18-21.

[45] 刘伯英，刘小慧. 迈向城市复兴的新时代[J]. 城市环境设计，2016（4）：276-281.

[46] 周挺. 城市发展与遗存工业空间转型[D]. 重庆：重庆大学，2015.

[47] 董慰. 城市设计框架及其模型研究[D]. 哈尔滨：哈尔滨工业大学，2009.

[48] 吴晨，郑天. 迈向人民城市的复兴[J]. 北京规划建设，2018（4）：174-183.

[49] 单霁翔. 从"功能城市"走向"文化城市"发展路径辨析[J]. 文艺研究，2007（3）：41-53.

[50] 林源. 中国建筑遗产保护基础理论研究[D]. 西安：西安建筑科技大学，2007.

[51] 杨保军，顾宗培. 审时度势：对当前开展城市设计工作的几点认识[J]. 北京规划建设，2017（4）：6-9.

[52] 曾锐，于立，李早，叶茂盛. 国外工业遗产保护再利用的现状和启示[J]. 工业建筑，2016，46（2）：1-4.

[53] 刘伯英. 工业建筑遗产保护发展综述[J]. 建筑学报，2012（1）：12-17.

[54] 崔卫华，梅秀玲，谢佳慧，李岩. 国内外工业遗产研究述评[J]. 中国文化遗产，2015（5）：4-14.

[55] 董淑敏. 产业遗产地的生态恢复[J]. 商业文化（学术版），2007（7）：239-241.

[56] 杨震，于丹阳. 英国城市设计：1980年代至今的概要式回顾[J]. 建筑师，2018（1）：58-66.

[57] 李海霞，武廷海. 学科背景下的文化遗产保护研究动态[J]. 中国文化遗产，2016（2）：58-65.

[58] 狄雅静. 中国建筑遗产记录规范化初探[D]. 天津：天津大学，2009.

[59] 吴晨. 城市复兴中的城市设计[J]. 城市规划，2003（3）：58-62.

[60] 卢济威. 论城市设计整合机制[J]. 建筑学报，2004（1）：24-27.

[61] 章锐. 城市、政治、文化、市场——20世纪60年代至90年代美国纽约苏荷艺术区兴衰史[J]. 美术观察，2017（9）：141-146.

[62] 叶鹏. 基于文化与科技融合的我国非物质文化遗产保护机制及实现研究[D]. 武汉：武汉大学，2015.

[63] 史晨暄. 世界遗产"突出的普遍价值"评价标准的演变[D]. 北京：清华大学，2008.

[64] 杨洋. 天津市海河开发改造工程实录与思索[D]. 天津：天津大学，2005.

[65] 徐毅松. 迈向全球城市的规划思考[D]. 上海：同济大学，2006.

[66] 钱程. 日本工业遗产保护及利用实践——以丰田产业技术纪念馆为例[J]. 城市管理与科技，2017，19（5）：78-81.

[67] 贺静. 整体生态观下既存建筑的适应性再利用[D]. 天津：天津大学，2004.

[68] 戴俊骋，王佳，高中灵. 北京与国内重点城市文化产业政策比较研究[J]. 北京社会科学，2011（5）：4-10.

[69] 黄琪. 上海近代工业建筑保护和再利用[D]. 上海：同济大学，2008.

[70] 邢建榕，周金香. 杨浦：近代上海工业的摇篮[J]. 档案与史学，2004（1）：54-59.

[71] 黄磊.城市社会学视野下历史工业空间的形态演化研究[D].长沙：湖南大学，2018.

[72] 岑贝.北京城市工业遗产空间特征与保护对策研究[J].北京联合大学学报，2019，33（4）：30-37.

[73] 岳华.当代德国城市公共空间之市民性的表述[J].同济大学学报（社会科学版），2013，24（6）：58-63.

[74] 陈晓虹.日常生活视角下旧城复兴设计策略研究[D].广州：华南理工大学，2014.

[75] 王潇.传统手工艺的再生产研究[D].西安：西安美术学院，2016.

[76] 阴俊.辽中城市群空间结构从多中心化向单中心化"逆发展"的机理研究[D].长春：吉林大学，2018.

[77] 安树伟，张双悦.新中国的资源型城市与老工业基地：形成、发展与展望[J].经济问题，2019（9）：10-17.

[78] 于森.辽宁省工业遗产景观价值评价[D].南京：南京林业大学，2017.

[79] 刘思铎.沈阳近代建筑技术的传播与发展研究[D].西安：西安建筑科技大学，2015.

[80] 孟璠磊.论"工业建筑"到"工业建筑遗产"的四个发展阶段[J].工业建筑，2019，49（5）：1-6.

[81] 孙鸿金.近代沈阳城市发展与社会变迁（1898—1945）[D].长春：东北师范大学，2012.

[82] 石建国.东北工业化研究[D].北京：中共中央党校，2006.

[83] 张琪.美国洛厄尔工业遗产价值共享机制的实践探索[J].国际城市规划，2017，32（5）：121-128.

[84] 龙如银.借鉴发达国家经验，实施我国矿业城市转型战略[J].科技导报，2004（10）：10-12.

[85] 王芳芳.1958年后联邦德国鲁尔工业城市的转型研究[D].武汉：华中师范大学，2018.

[86] 杨友宝.东北地区旅游地域系统演化的空间效应研究[D].长春：东北师范大学，2016.

[87] 胡建新，张杰，张冰冰.传统手工业城市文化复兴策略和技术实践——景德镇"陶溪川"工业遗产展示区博物馆、美术馆保护与更新设计[J].建筑学报，2018（5）：26-27.

[88] 黄磊.城市社会学视野下历史工业空间的形态演化研究[D].长沙：湖南大学，2018.

[89] 崔卫华.基于CVM的工业遗产地价值评价研究——以辽宁为例[J].产业组织评论，2014，8（1）：133-152.

[90] 李婧.中国建筑遗产测绘史研究[D].天津：天津大学，2015.

[91] 高飞.遗产廊道视野下的中东铁路工业遗产价值评价研究[D].哈尔滨：哈尔滨工业大学，2018.

[92] 李昊.物象与意义——社会转型期城市公共空间的价值建构（1978—2008）[D].西安：西安建筑科技大学，2011.

[93] 傅才武，陈庚.当代中国文化遗产的保护与开发模式[J].湖北大学学报（哲学社会科学版），2010，37（4）：93-98.

[94] 郑晓笛.基于"棕色土方"概念的棕地再生风景园林学途径[D].北京：清华大学，2014.

[95] 周蜀秦，李程骅.文化创意产业促进城市转型的机制与战略路径[J].江海学刊，2013（6）：84-90，238.

[96] 森文.基于文化生态观的设计系统与设计实践研究[D].长沙：湖南大学，2017.

[97] 李蕾.建筑与城市的本土观[D].上海：同济大学，2006.

[98] 许瑞生.线性遗产空间的再利用——以中国大运河京津冀段和南粤古驿道为例[J].中国文化遗产，2016（5）：76-87.

[99] 董慰.城市设计框架及其模型研究[D].哈尔滨：哈尔滨工业大学，2009.

[100] 和军，鹿磊.东北振兴背景下的沈阳经济区工业遗产再利用研究[J].辽宁省社会主义学院学报，2010（4）：81-84.

9